普通高等教育
艺术类"十三五"规划教材

Unity 3D

增强现实开发实战

吴哲夫 陈滨 著

人民邮电出版社

北　京

图书在版编目（ＣＩＰ）数据

Unity 3D增强现实开发实战 / 吴哲夫，陈滨著. --
北京：人民邮电出版社，2019.4（2024.2重印）
普通高等教育艺术类"十三五"规划教材
ISBN 978-7-115-49409-2

Ⅰ．①U… Ⅱ．①吴… ②陈… Ⅲ．①游戏程序—程序
设计—高等学校—教材 Ⅳ．①TP317.6

中国版本图书馆CIP数据核字(2018)第216764号

内 容 提 要

本书是一本基于 Unity 3D 进行增强现实应用开发的实践教程。

本书分为两部分。

第一部分为基础知识部分，为第 1~6 章。第 1 章简单介绍了增强现实技术的原理和应用实例，第 2 章简单介绍了基于 AR SDK 和 Unity 3D 的增强现实技术实现方法，第 3 章是 Unity 3D 开发环境的基本介绍，第 4 章介绍了 Unity 3D 的 UGUI 用户界面，第 5 章介绍了 Unity 3D 中的粒子系统和动画系统，第 6 章是 Unity 3D 脚本语言开发基础的介绍。

第二部分为应用实践部分，为第 7~13 章。第 7 章讲解如何在 Unity 3D 中创建一个增强现实的应用，第 8 章讲解如何基于动画系统让模型进行状态变化—"动起来"，第 9 章讲解如何使用脚本和按钮进行声音的添加—"响起来"，第 10 章讲解如何通过碰撞器和脚本让模型移动—"走起来"，第 11 章讲解如何运用粒子系统和脚本编程来添加特效，第 12 章讲解如何进行 App 的 Android 和 iOS 平台打包，第 13 章是一个综合案例的具体实现过程。

本书帮助读者从知识原理和应用实践两方面理解增强现实的应用开发，在内容编排上注重让读者掌握增强现实技术的实践方法，以便读者可以独立开发增强现实技术的简单应用。本书面向对增强现实应用开发感兴趣的工程技术人员，也适合信息技术和艺术相关专业的学生及其他具有一定编程基础的读者。

◆ 著　　　　　吴哲夫　陈　滨

责任编辑　刘　博

责任印制　陈　犇

◆ 人民邮电出版社出版发行　　北京市丰台区成寿寺路 11 号

邮编　100164　电子邮件　315@ptpress.com.cn

网址　http://www.ptpress.com.cn

北京九州迅驰传媒文化有限公司印刷

◆ 开本：787×1092　1/16

印张：10　　　　　　　　　　2019 年 4 月第 1 版

字数：177 千字　　　　　　　2024 年 2 月北京第 8 次印刷

定价：59.80 元

读者服务热线：(010)81055256　印装质量热线：(010)81055316
反盗版热线：(010)81055315
广告经营许可证：京东市监广登字 20170147 号

前　言

党的二十大报告中提到："教育、科技、人才是全面建设社会主义现代化国家的基础性、战略性支撑。"在教育改革浪潮中，各高校纷纷开始探索数字媒体技术教育教学的新道路，采用了新的教学模式致力于开展适应当今社会发展需要的教学改革。

增强现实（Augmented Reality，AR）是一种对现实物理环境的增强和互动体验。真实物体被计算机生成的虚拟信息所"增强"，可以跨越视觉、听觉、触觉等多种感觉形态。增强现实的主要价值在于，它将虚拟的数字世界部分引入到一个人对现实世界的感知中，而且并非是作为简单的数据展示，而是通过沉浸感的集成，该沉浸感被感受为环境的自然部分。近几年移动互联网、人工智能飞速发展，增强现实技术在工业、健康、教育、娱乐各个方面的应用方兴未艾。因此，增强现实相关知识及工程实现的教学，对数字媒体、工业设计和电子信息等相关领域人才培养具有极其重要的时代意义。

随着增强现实技术的发展，国内外介绍增强现实技术的图书越来越多，但这些书大多是以综述和罗列现有增强现实技术在不同领域中的应用案例为主，重点介绍软件层面上的增强现实具体实现方法的较少，因此其内容安排和知识深度都不适合作为相关专业教材。

本书作者根据增强现实技术的应用发展，以及工业设计和数字媒体等专业对于计算机软件方面的培养需求，结合近年来的教学科研经验，整理出这本以技术开发和应用实践并重的增强现实开发实战教程。

本书从内容安排分为两部分。第一部分包括第 1 章到第 6 章，为本书的基础知识部分，首先介绍了增强现实技术开发的基本方法，然后分析了其运行过程和基于 Unity 3D、AR SDK 的开发模式，重点对 Unity 3D 的软件功能、用户界面、粒子系统、动画组件和基础脚本编程等内容进行了讨论。第二部分是第 7 章到第 13 章，为本书的应用实践部分，结合增强现实应用开发的各个功能需求，如工程创建、动画触发、声音添加、走动和特效的脚本控制等，进行详细阐述和过程步骤指导，第 13 章通过一个具体的实践案例完成了从素材准备到应用打包的完整过程，让读者能够了解增强现实这一新技术的开发流程，以便读者可以独立开发自己的增强现实应用 App。本书尽量减少了理论介绍，内容浅显易懂，每一步实际操作都有具体的图示；除末章外，在每一章后都附有练习题，相关的素材和软件安装方法可以在人邮教育社区（ http://www.ryjiaoyu.com ）上下载，适合举一反三的教学过程。

本书可以作为高等学校数字媒体、工业设计、电子信息专业及其他相近专业的教材，也可以作为相关技术人员的入门参考书。

本书凝聚了很多人的心血，其中第 1~4 章由盛顺达编写，第 5~8 章由江壮壮编写，第 9~10 章由陈滨编写，第 11~13 章由吴哲夫编写，全书由吴哲夫统稿。在此，向所有帮助作者完成本书写作的专家、同事和研究生表示衷心感谢！

由于本书首次正式出版，编写时间仓促和作者水平有限，难免有不足之处，恳请广大读者指正。

吴哲夫

2022 年 12 月于杭州西溪

目　录

第 1 章
增强现实技术概述

【知识目标】

- 了解 AR、VR 和 MR
- 了解 AR 应用的领域和表现形式
- 了解 AR 技术的发展趋势

【任务引入】

　　增强现实 AR 技术是一种典型的物理世界和虚拟世界叠加并相互增强的应用新技术，借助于移动互联网的蓬勃发展，在娱乐、商业和工业应用上都有方兴未艾之势。本章通过对 AR 现有设备和表现的讨论来简单介绍 AR 技术和应用。

1.1 什么是 AR

2016 年被称为 AR/VR 元年，网上关于 AR/VR 的文章层出不穷，再加上随后出现的概念 MR，似乎有些让人难以区分。到底什么是 AR？AR、VR、MR 这三者之间要如何区分呢？

首先，VR 的概念比较容易理解，市面上 VR 的产品也比较多。VR（Virtual Reality，虚拟现实）指使用计算机生成虚拟环境，并让用户在虚拟环境中拥有极大的沉浸感，令人有身临其境的感觉。VR 在很多方面都有应用，例如，在医学方面，VR 设备产生虚拟的人体模型，用户可以非常直观地了解人体内部的各种构造，也可以使用虚拟模型进行反复的解剖、手术等练习，从而提高学医者的熟练度；在娱乐方面，虚拟现实给人们带来了全新的娱乐体验，有的歌手在歌曲 MV 中使用了 VR 技术，让每次看起来都没有变化的视频变得富有趣味。人们在每次看视频的时候可以调整不同的角度，发现不同的惊喜。VR 游戏更受到了玩家们的热烈追捧，玩家们戴上 VR 头盔，在战争类型的游戏中仿佛置身战场，在惊悚游戏中体会更逼真的场景，感受更强的刺激。

但是，由于 VR 特有的封闭性，用户与现实世界完全隔绝，因此 VR 的应用领域受到了一定的限制。AR（Augmented Reality，增强现实）和 MR（Mixed Reality，混合现实）则弥补了 VR 的这个缺点。这两种技术将虚拟世界与现实世界结合起来，使用户不再与现实世界隔绝。那么，AR 和 MR 的区别又在哪里呢？

图 1-1 所示的是从"虚拟世界"到"现实世界"的过渡图。

图 1-1　虚拟 - 现实过渡图

图 1-1 中，左边为现实环境，即我们生活的真实世界，不包括任何一点虚拟环境；右边为虚拟环境，如 VR 设备生成的环境，不包括任何一点现实环境。这是两个极端，在这两个极端之间的就是所谓的混合现实。混合现实中既包括虚拟环境，也包括现实环境。根据虚拟和现实的比重不同，混合现实又可以分为增

强现实（Augmented Reality，AR）和增强虚拟（Augmented Virtual，AV）。现实环境内容多于虚拟内容，则为增强现实，从字面上理解就是用虚拟的内容来增强现实的内容；反之就是增强虚拟。所以，从这个角度来看，虚拟现实是混合现实的子集。但是 MR 并不是只有 Mixed Reality（混合现实）一种解释，还有一种说法叫作 Mediated Reality（介导现实），这是由"智能硬件之父"多伦多大学教授史蒂夫·曼（Steve Mann）提出的。介导现实同样是虚拟环境和现实环境的结合，与混合现实不同的是，介导现实的现实环境部分是经过数字化，再由电子设备产生的，即数字化的现实环境与虚拟环境叠加后的内容就是介导现实。

1.2　AR 设备

AR 技术的载体主要分为 3 类，即头盔、眼镜和传统的平面设备（手机和平板电脑等）。AR 头盔在市场上较少，而且 AR 头盔最终成像依然是在头盔附属的护目镜上，与 AR 眼镜比较类似，所以目前 AR 技术主要的可穿戴设备仍然以眼镜居多。但是头盔、眼镜这类可穿戴设备的价格过高，动辄上万的价格让 AR 的普及面临很大的困难，所以，更多的 AR 应用还是在手机、平板电脑上，虽然体验不如眼镜和头盔那么好，但也是人们体验 AR 的一个非常好的途径。还记得 2016 年 *Pokémon Go* 的流行，人们满街抓小精灵的情景吗？还记得支付宝集福、腾讯的 AR 实景红包以及 FaceU 吗？这些都是 AR 技术在移动设备上的体现。苹果公司在 2017 年 WWDC 上发布了 ARKit，在不到一个月的时间内苹果公司的 AR 应用层出不穷。移动设备必将成为承载 AR 技术的主要平台之一。

1.3　AR 的多种表现形式

AR 技术有以下多种表现形式。

（1）基于 3D 模型的展示。它实现起来比较简单，在早教和商品展示等领域有其特殊的作用。

（2）AR 视频。与（1）不同的是，AR 视频展示的不再只是一个静态模型，而是一段视频。通过 AR 视频，原本枯燥的东西变得生动，原本晦涩的内容变得通俗易懂，它的主要功能是介绍。

（3）场景展现。这种表现形式是（1）的延伸，其中的内容都是动态的，实现了更多的展示方式，在场景展现中，人们可以与 3D 模型交互。

（4）AR 游戏。AR 游戏相比于传统的游戏和 VR 游戏，省去了场景的建模，它以真实世界为场景。想象你在玩 AR 版的拳皇，游戏中的角色在你的办公桌上摩拳擦掌，这是多么有趣的体验。

当然，AR 技术的应用有无限的可能性，只要我们不停止想象，AR 技术的表现形式将会越来越多。

1.4　AR 的应用实例

1.4.1　AR 导航

AR 导航技术的设想早就出现过，如名侦探柯南的眼镜。在追击犯人的时候，柯南总会启动他的定位眼镜，眼镜上就会投射出柯南和犯人的实时位置，便于他进行准确的追击。这就是 AR 导航最初在人们眼中的样子，只是大多数人并没有意识到这就是 AR 技术的应用。AR 导航最初的提出是为了解决司机在驾驶的时候需要低头查看导航仪，导致无法专心开车的问题。目前的 AR 导航是把导航内容投射在汽车的挡风玻璃上，但是随着将来 AR 眼镜的普及，脚下有指示方向箭头这样的情景将成为现实，如图 1-2 所示。

图 1-2　AR 导航

1.4.2　支付宝 AR 实景红包

支付宝开发了红包的新玩法——AR 实景红包。AR 实景红包有藏红包和找红包两种功能。在藏红包的时候，用户需要打开摄像头，通过摄像头捕捉图像和用户位置，将该用户红包与之对应起来。藏起来的红包是虚拟的，只有通过找红包功能才能发现它。在找红包的时候，用户到达隐藏红包的位置，打开摄像头，当摄像头捕捉到的画面与之前记录的一致时，就会有一个可爱的红包出现在用户手机里，叠加在摄像头捕捉到的现实世界中。AR 实景红包如图 1-3 所示。

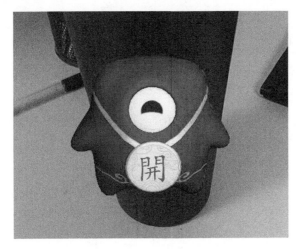

图 1-3　AR 实景红包

1.4.3　Pokémon Go

Pokémon Go 这款游戏可以说是 AR 技术为大众所知的一个开始，这款新类型游戏让玩家们为之疯狂。游戏中，在地图上标注出小精灵的位置，玩家到达该地点附近后，打开摄像头，就可以在手机中看到宠物小精灵出现在现实世界中，如图 1-4 所示。地图中还标注出了道馆的位置等地点，玩家需要到达这些地点附近才能继续游戏。这款游戏的经典内容和创新玩法将它带上了手游新高度，同时也让 AR 技术变得家喻户晓。

图 1-4　Pokémon Go

1.4.4　蛋生世界

蛋生世界（见图 1-5）是一个针对儿童教育的品牌，它有一款产品"4D 动画绘本"就使用了 AR 技术。绘本中的图案由孩子自由填色，填完以后，孩子使用移动设备扫描画完的图画，这些图画就会变成可以交互的三维动画，动画的样子就是孩子们的绘图。

图 1-5　蛋生世界

1.5　AR 的发展历程

国外对增强现实技术的研究发展早于国内。关于增强现实技术的研究，最早可以追溯到 1968 年美国麻省理工学院研发的世界上第一台光学透视头戴显示器。实现 AR 的核心技术就是跟踪注册技术，目前国外开发的许多 AR 软件开发工具（SDK）都为开发者很好地封装了这层技术。1999 年发布的 ARTool kit 就是一款 AR SDK，它将 AR 从 PC 端转向移动端，极大推动了增强现实的发展进程。2003 年，洛桑联邦理工学院的计算机视觉实验室提出了一种基于自然平面图像与立体物体识别追踪的三维注册算法，取得了里程碑式的研究成果。2004 年，牛津大学的安德鲁 • 戴维森（Andrew J.Davison）基于 SLAM 算法提出了广角视觉下的实时三维 SLAM 算法，开创了新的增强现实研究方法。后来，谷歌公司推出了 Google Glass，微软推出了 Hololens，为增强现实技术的应用提供了绝佳的硬件平台。2016 年，任天堂推出了手机游戏 Pokémon Go，将增强现实技术带入人们的娱乐生活中，使增强现实技术在 2016 年风靡全球。2017 年在苹果发布会上，苹果正式推出 AR Kit 开发平台，让苹果操作系统具有原生的增强现实应用。到现在，苹果的 App Store 中已经拥有数量可观的增强现实应用。

国内的增强现实技术比国外起步晚，在核心实现的算法上，主要是对现有的算法进行优化。但国内开发者一直不断努力，不断推出的各种国产 AR SDK，在一定程度上能替代许多国外成熟的 SDK，甚至在某些方面的表现比国外的 SDK 更加出色。到现在，已经有许多开发工具可供开发者选择。

1.6　本章小结

本章首先介绍了 AR、VR、MR 三者的区别和各自的侧重点，如果将 MR 理解为混合现实，那么 AR 是 MR 的子集；如果将 MR 理解为介导现实，那么三者的关系如图 1-6 所示。

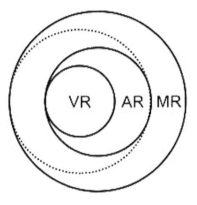

图 1-6　AR、VR、MR 之间的关系

然后介绍了 AR 设备。相比于 VR 设备，AR 设备的价格更加昂贵，所以 VR 在消费级市场上的规模比 AR 设备大，但是 AR 技术可以通过移动设备得到应用，而 VR 技术则无法做到。之后列举了一些目前 AR 技术的表现形式。最后是介绍 AR 的实例，希望读者能够从中获得灵感，想出更佳的 AR 创意。本章知识结构如图 1-7 所示。

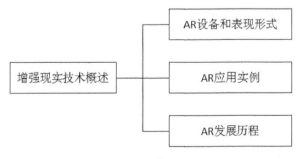

图 1-7　本章知识结构

1.7 练习

关于 AR 的说法，以下哪项是错误的？（　　）

A．AR 和 VR 一样，都是将虚拟与现实混合在一起的技术

B．VR 相比于 AR，其沉浸感更强

C．混合现实就是增强现实

D．介导现实是将现实场景虚拟化后与虚拟场景叠加形成的

第 2 章
增强现实技术实现方法

【知识目标】

○ 了解 AR 技术实现方法
○ 了解 AR 基本运行过程
○ 了解 Unity 3D 和 AR 开发包

【能力目标】

○ 掌握 AR 识别原理
○ 掌握 AR 工作过程
○ 下载和安装 Unity 3D

【任务引入】

　　增强现实（AR）技术借助识别技术将虚拟模型叠加到特定的现实物体上，那么其具体过程是怎么实现的呢？需要哪些软件来开发和完成一个简单的 AR 应用呢？本章通过对 AR 的识别方式、运行过程和 AR SDK 的介绍，使读者学习建立基本的 AR 应用开发环境。

2.1 识别方式

增强现实是把虚拟图像叠加到现实环境中，用来补充现实环境。那么虚拟图像要叠加到哪里？哪些地方会被叠加？哪些地方不会被叠加？以一个简单的 3D 模型叠加为例，现在有一张画着恐龙的卡片，当用户使用手机扫描这张卡片时，在用户手机中的卡片图像上就会叠加上一个 3D 恐龙模型。这里扫描的卡片就是识别的目标，只有识别了目标后才会叠加上模型。模型的位置相对于识别目标是固定的，就像在现实世界真实所处的位置一样，不会随着摄像头的位置改变而改变。这也是 AR 的一大特点。

上面的例子中，AR 的识别方式是图片识别，这只是 AR 众多识别方式中的一种，还有 3D 物体识别、自然识别等。

图片识别最简单，也最常用。图片识别的识别目标是一幅平面图像，AR 程序通过摄像头收集到的图像与事先注册好的识别目标比对，比对成功后进行模型的渲染。而自然识别就比图像识别复杂得多，自然识别的目标是不固定的。程序通过大量的机器学习来认识摄像头内的事物，如微软识花 App，使用这款 App 在路上拍摄看到的花朵并进行增强现实处理后，App 会告诉用户这是什么花。显然，同一种花，在不同角度、不同地方，相机拍到的图像都是不一样的，但是程序依然能识别，这就是自然识别。3D 物体识别，顾名思义，识别的是 3D 物体，而不是平面图像。还有一种识别方式是体感识别，摄像头通过捕捉人体的动作，来判断这个人是在挥手还是在跳跃。其最为典型的产品是 Kinect。最早这款设备用于玩体感游戏，随着近年来 AR 的火热，目前也有了结合 Kinect 进行的 AR 开发。本书接下来将以图片识别为主，介绍 AR 是如何实现的。

2.2 AR 应用的基本运行过程

还是以之前的恐龙卡片为例，首先，要实现这个效果，你需要一张图片，任何图片都行，然后需要一个识别图片的程序，还需要一个用来叠加的模型。如果想更加丰富，你还可以做用户和模型交互的内容。

对图片的要求并不高，只要图片的识别度够高（如边界分明、色彩对比明显），即拥有足够多的特征信息就可以。有了图片以后，如何让摄像机识别这张图片呢？这里就需要用到各种软件开发工具包（Software Development Kit，SDK）了，AR 程序的 SDK 就是封装了图片识别算法的工具，它使开发人员不用再自己去研究图片识别是如何实现的。

在 SDK 中注册了识别目标以后，图片就能够被正确地识别了，识别成功后，预先准备的 3D 模型就会出现在识别目标上。如果到此就结束了，那么这就是一个最简单的 3D 模型展示的 AR 应用；如果还要让模型与用户进行交互，就需要进一步编程。例如，使用游戏引擎对模型交互进行设计，实现更加丰富的 AR 内容。

2.3　AR SDK 与 Unity 3D 简介

通过 2.2 节内容，我们知道 AR SDK 是 AR 应用中必不可少的一部分。但是国内外的 AR SDK 有很多，如 EasyAR、VoidAR、HiAR、Vuforia、Wikitude，它们都能够有图片识别的功能。那么它们各自又有什么特点呢？

EasyAR 是一款国内的 AR SDK，支持 C、C++、Java 和 Objective-C 编程语言，支持安卓、iOS、Windows 和 Mac OS 平台，支持对接 3D 引擎，支持平面图片识别、二维码识别，支持多目标，而 3D 识别、SLAM 和云识别需要付费。VoidAR 也是国产 SDK，它的功能和 EasyAR 差不多，但不支持 3D 识别。不过这款 SDK 允许免费使用。HiAR 是亮风台（上海）信息科技有限公司打造的新一代移动增强现实开发平台，它的特点是有基于 Web 的管理后台，并有一款叫作幻境的 AR 浏览器，用户可以浏览很多 AR 内容，可以发布自定义 AR 内容，它也允许免费使用。Vuforia 是高通公司的一款 AR SDK，作为一个老牌的国外 SDK，其稳定性非常高，而且支持 3D 识别，支持 VuMark（下一代条形码）。另外，和其他 SDK 不同的是，Vuforia 还支持 UWP（Windows 平台下的 App），开发版本的 Vuforia 是免费的，但是如果要发布，Vuforia 收费还是比较昂贵的。但是 Vuforia 的可靠性高，跨平台特性好，识别物范围广，其在移动端的性能表现优秀，开源免费，并且支持 Unity 平台，所以成为很多 AR 应用的首选 SDK。Wikitude 也是一款国外的 SDK，支持很多传感器。和 Vuforia 一样，Wikitude 也是一款收费 SDK。

Unity 3D 是由 Unity Technologies 公司开发的一款 3D 游戏引擎，使用 Unity 3D 可以开发各种高质量的 2D、3D 游戏和 VR/AR 应用。Unity 3D 的最大优点就是它的跨平台特性，可发布游戏至 Windows、Mac、Wii、iPhone、WebGL 和 Android 等平台。

Vuforia+Unity 3D 的优势在于长期稳定开源、跨平台性能好、交互性强、不需要过多硬件依赖。本书以 Vuforia 为例，结合 Unity 3D，介绍简单的 AR 应用开发。

2.4 Vuforia、Unity 3D 的下载与安装

2.4.1 Vuforia 注册

要使用 Vuforia，首先需要注册成为 Vuforia 的用户。使用浏览器访问 Vuforia 官网。单击右上角“Register”（见图 2-1），进入注册页面（见图 2-2），填写所需要的信息。

vuforia Developer Portal
Log In
Register
Home
Pricing
Downloads
Library
Develop
Support

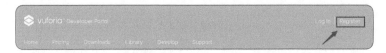

图 2-1 Vuforia 注册入口

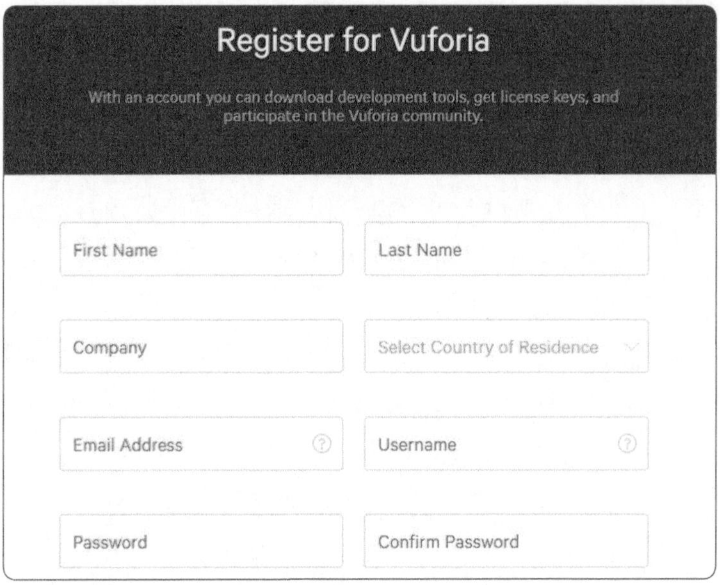

Register for Vuforia
With an account you can download development tools, get license keys, and participate in the Vuforia community.
First Name
Last Name
Company
Select Country of Residence
Email Address
Username
Password
Confirm Password

图 2-2 Vuforia 注册页面

Vuforia 的注册页面下方有一个很有趣的验证码，和我们平常见到的验证码不同，它是要选择正确的图片拖动到右边的图形上。

为了确认真实存在，把纸飞机拖曳到风筝上，拖曳正确后即可完成验证，如图 2-3 所示。然后 Vuforia 会向注册邮箱发送一封邮件，单击邮件中的链接就可以完成注册了。

然后回到 Vuforia 开发者的网站，单击“Log In”登录，如图 2-4 所示。

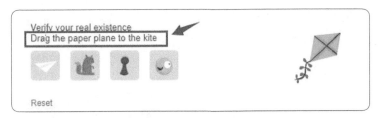

图 2-3　Vuforia 验证码

图 2-4　Vuforia 登录入口

2.4.2　Vuforia 下载

登录成功后，选择"Downloads"选项卡，如图 2-5 所示。

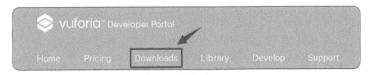

图 2-5　Vuforia 下载入口

单击"Download for Unity"，如图 2-6 所示。

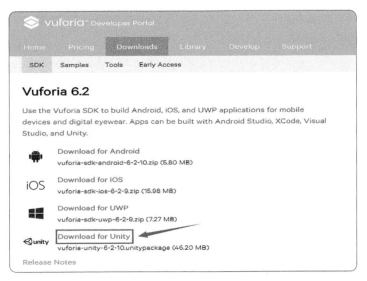

图 2-6　选择为 Unity 下载

单击后会出现一个许可证（Software License），单击"I Agree"即可开始下载。

2.4.3 Unity 3D 下载与安装

Vuforia 下载完成后，还需要下载 Unity 3D。访问 Unity 3D 官网，单击"下载 Unity"，如图 2-7 所示。

图 2-7　Unity 3D 下载入口

选择"下载个人版"，然后会跳转到一个网页，单击图 2-8 中圆圈选中的文字。

图 2-8　下载许可

单击下载按钮，Unity Download Assistant 开始下载。下载完成后，运行 Unity Download Assistant 并单击"Next"按钮，如图 2-9 所示。

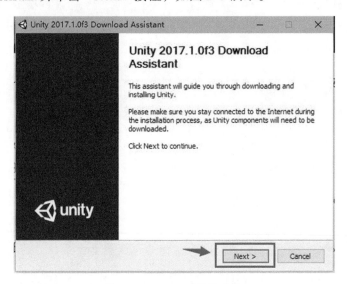

图 2-9　Unity 3D 下载助手

选中 "I accept the terms of the License Agreement"，单击 "Next" 按钮，如图 2-10 所示。

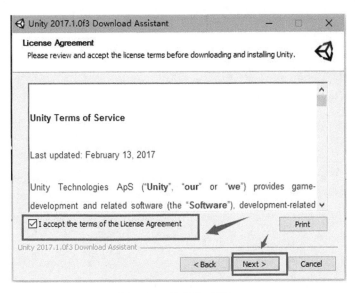

图 2-10　接受许可协议

进入组件选择界面，移动鼠标指针到每个组件上面，右边都会有对应组件的介绍，第一个是 Unity 3D 和 MonoDevelop 编辑器；第二个是 Unity 的官方文档，包含用户手册和脚本手册；第三个是 Unity 3D 的标准资源，里面包含一些游戏中常用的资源，不是必要的；安装第五个组件表示你接受了 Visual Studio 的许可条款。还有其他组件根据需要选择，选择完毕后单击 "Next" 按钮，如图 2-11 所示。

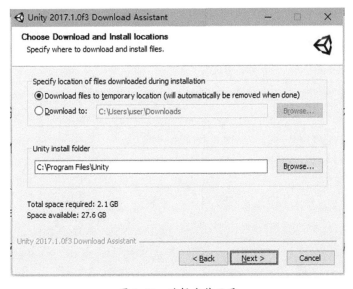

图 2-11　选择安装目录

图 2-11 中的上半部分如果选择第一个，则代表文件下载到临时目录，安装完成后文件自动删除；如果不想将文件下载到临时目录，可以选第二个。然后选择安装目录，单击"Next"按钮，开始下载、安装组件，至此，Vuforia 和 Unity 3D 的安装完成。

2.5　本章小结

本章通过介绍增强现实 AR 技术运行过程，着重介绍了 AR 图片识别技术和基本的 AR 开发环境要求，包括 Unity 3D 和 Vuforia SDK 的选择和具体下载安装步骤，使读者在操作层面建立 AR 应用的基本开发环境。

本章知识结构如图 2-12 所示。

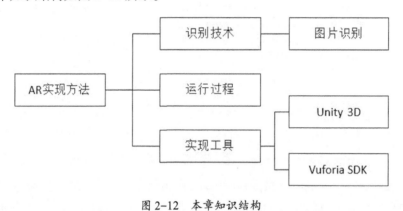

图 2-12　本章知识结构

2.6　练习

安装 Unity 3D 的开发环境。

第 3 章
初识 Unity 3D

【知识目标】

- 了解 Unity 3D 软件功能
- 了解 Unity 3D 界面功能
- 了解 Unity 3D 视图功能

【能力目标】

- 掌握 Unity 3D 的视图功能
- 掌握 Unity 3D 的工程创建
- 掌握 Unity 3D 的资源导入

【任务引入】

    Unity 3D 软件是支持跨平台游戏开发的热门开发引擎之一，一些著名游戏的 PC 端和移动端都是由这个游戏引擎开发的。当然，Unity 3D 软件也可以进行 AR 应用的设计开发。本章主要介绍 Unity 3D 软件的基本功能，如软件界面、工程创建、视图功能和资源导入等。

3.1　Unity 3D 简介

　　Unity 3D 是一款由 Unity Technologies 公司开发的 3D 游戏引擎。Unity 3D 中有一些基本概念，它们分别是 Project、Scene、GameObject、Script。Project 是一个工程，也就是开发的游戏（AR 应用程序），工程中包含所有资源，包括 Scene、GameObject 和 Script。一个游戏是由不同的场景（即 Scene）组成的，如游戏中的每个关卡就是一个场景，每一个地图就是一个场景，每一个界面也是一个场景。场景中包含各种修改场景需要的内容元素，如图片、音频、模型、地形、光照和脚本等。GameObject 是游戏对象，是组成场景的元素，场景里的每一个物体都是游戏对象。Script 是脚本，也就是我们所说的程序，脚本依附在 GameObject 之上，任何一个 GameObject 都可以有属于自己的脚本。脚本控制逻辑的处理，使游戏变得可以交互，本书后面的章节会更详细地介绍这些概念。

3.2　认识 Unity 3D 的界面

3.2.1　工程创建

　　若要使用 Unity 3D，需要一个 Unity 3D 的账号。

　　打开 Unity 3D，单击"Create one"，如图 3-1 所示，注册账号。然后在图 3-2 所示的对话框中填写信息，单击"Create a Unity ID"。

图 3-1　Unity 3D 账号注册入口

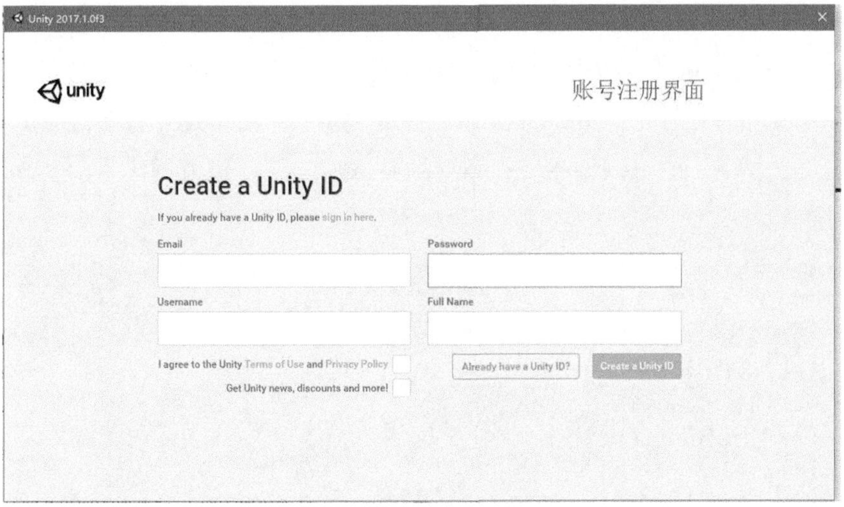

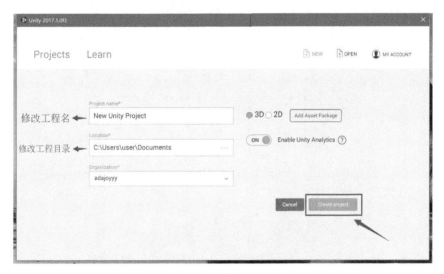

图 3-2 创建 Unity 3D 账号

注册完成后登录，在 Projects 下选择"On Disk"（本地项目），单击 NEW 创建一个新项目。新建界面中可以修改工程名和工程目录，单击"Create project"（见图 3-3），完成工程的创建并打开。

图 3-3 创建一个工程

3.2.2 Hierarchy（层级视图）

Unity 3D 本身是一个编辑器，这个编辑器是由多个窗口（标签）组成的。首先是第一个 Hierarchy（层级视图）。

如图 3-4 所示，Hierarchy 中的内容就是一个 Scene（场景）下的所有 GameObject。Untitled 是这个场景的名字，场景名前面的图标代表这是一个场景。场景下有两个 GameObject，它们分别是 Main Camera（主摄像机）和 Directional Light（平行光）。Main Camera 是一个摄像机，它就是玩家的双眼，摄像机看到的内容就是将来玩家看到的内容；Directional Light 为游戏提供光照。Hierarchy 标签的正下方有一个"Create"按钮，它可以创建所有类型的 GameObject，例如创建一个立方体，如图 3-5 所示。

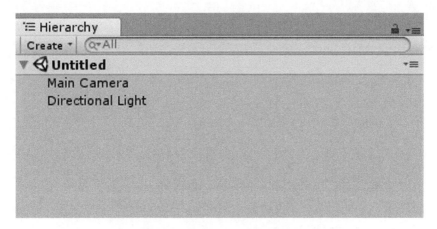

图 3-4　Hierarchy（层级视图）

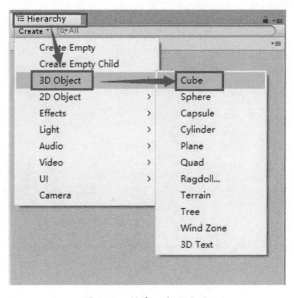

图 3-5　创建一个立方体

这时，Hierarchy（层级视图）下就会增加一个 Cube，并在右边的场景视图（Scene）中出现一个立方体，如图 3-6 所示。

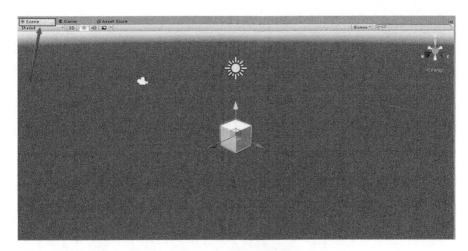

图 3-6　Scene（场景视图）

3.2.3　Scene（场景视图）

Scene 为场景视图，所有对场景的编辑都是在 Scene 窗口完成的。单击 Scene 右边的 Game 标签，窗口变成 Game（游戏视图），如图 3-7 所示。

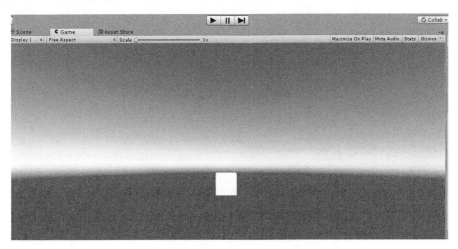

图 3-7　Game（游戏视图）

这里所呈现的内容就是玩家看到的内容，也就是说这个界面是用来预览游戏效果的。在这个窗口上方有 3 个按钮 ▶ Ⅱ ▶|，分别表示运行、暂停和逐帧运行。单击"运行"按钮后，按钮变蓝 ▶ Ⅱ ▶|，表示游戏开始运行。如果你正在查看 Scene（场景视图），单击"运行"按钮后，Scene（场景视图）会自动切换到 Game（游戏视图）。再次单击"运行"按钮，停止运行。

在 Scene 场景中，按住鼠标右键的同时按 W、A、S、D 键可以像第一人称游戏中一样前、后、左、右移动，按住 Q、E 键可以上升、下降。通过鼠标滚轮可以调整远近。如果想要快速将某一个 GameObject 显示在屏幕中央，只要在 Hierarchy（层级视图）中找到你想聚焦的 GameObject，双击即可。如双击 Cube，界面如图 3-8 所示。

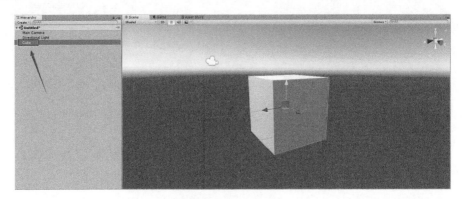

图 3-8　聚焦 GameObject

　　如果觉得视角不合适，可以使用鼠标右键配合 W、A、S、D、Q、E 键进行调整。注意，在 Scene 窗口中调整视角并不会改变 Game 视图，因为 Scene（场景）中的所有 GameObject 的位置都没有发生任何变化，调整 Scene 中的视角仅仅是为了方便开发人员查看当前场景的各个位置。

3.2.4　Inspector（观察者视图）

　　单击 Cube 之后可以发现，最右边的 Inspector 下出现了许多内容，如图 3-9 所示。

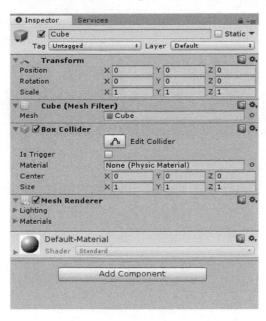

图 3-9　Inspector（属性面板）

Inspector 为属性面板，这里显示了 Hierarchy 视图中选中的 GameObject 属性，每一个 GameObject 都拥有属于自己的属性面板，不同种类的 GameObject 都有自己特有的属性。Inspector 是由 GameObject 本身和多个 Component（组件）组成的。在这个 Cube 中，有 Transform、Cube(Mesh Filter)、Box Collider 和 Mesh Renderer 4 个组件，另外，还有一个材质球。Transform 组件是每个 GameObject 都有的一个组件，它决定了 GameObject 的位置、旋转角度及尺寸。Cube 组件决定了 GameObject 的形状。Box Collider 为盒子碰撞器，图 3-9 中，它定义了一个长方体的碰撞器。碰撞器的作用是用来检测碰撞的，当两个有碰撞器的物体发生碰撞时，本质上是碰撞器发生碰撞，碰撞器的左右就是防止物体穿过另一个物体内部重叠起来，这是 Unity 3D 中物理引擎的一种体现。Mesh Renderer 为网状渲染器，是众多 Renderer 中的一种，Renderer 的作用就是把 GameObject 渲染出来，通俗地说，就是让物体变得可见。如果一个 GameObject 没有 Renderer，那么玩家将看不到这个 GameObject。即使这个 GameObject 存在于场景中，那也是类似"幽灵"般的存在。

3.2.5　操作工具

当我们选中 Cube 时，Cube 的中心会出现 3 个坐标轴，如图 3-10 所示。

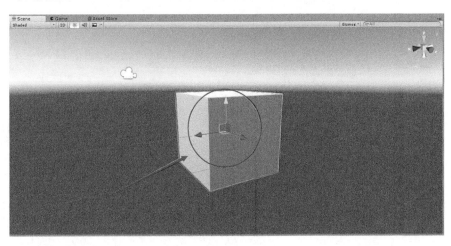

图 3-10　移动工具

这 3 个坐标轴就代表三维空间中的 x 轴、y 轴、z 轴，鼠标左键按住其中一条轴然后拖动，可以使这个物体沿对应的轴移动，这就是 Unity 3D 中的移动工具。除了移动工具，Unity 3D 中还有哪些工具呢？在 Unity 3D 的左上角有 5 个按钮，它们分别是拖动工具、移动工具、旋转工具、缩放工具和矩形工具。拖动工具是用来拖曳视角的，和之前介绍的右键功能类似。移动工具前面已经介绍。选择旋转工具后，Cube 的中心会出现 3 个圆，如图 3-11 所示。这 3 个圆为 3 条旋转轴，使用方法与移动工具类似，按住其中一个轴可以使 Cube 在对应轴向旋转。选中缩放工具以后的效果如图 3-12 所示。选中其中一个轴并且拖动，可以使 Cube 在对应轴向缩放，单击中间的白色小立方体并拖动，可以让 Cube 等比例缩放。矩形工具是用来操作二维情况下的 GameObject 的，在第 4 章会介绍。

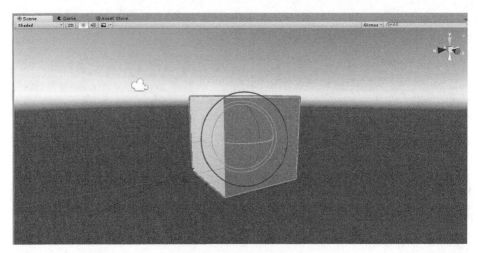

图 3-11　旋转工具

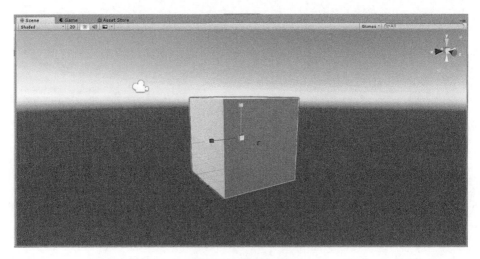

图 3-12　缩放工具

这 5 个工具都有对应的快捷键，第 1 个到第 5 个工具依次对应键盘上的 Q、W、E、R、T 这 5 个键。

在添加了一个 Cube 之后，场景的内容发生了变化，这时我们单击 File → Save Scenes 保存场景，如图 3-13 所示。

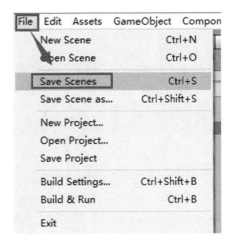

图 3-13 保存场景

出现图 3-14 所示的界面进行场景保存，命名场景文件为 "CubeScene"。注意，场景名（包括所有文件）尽量不要使用中文。

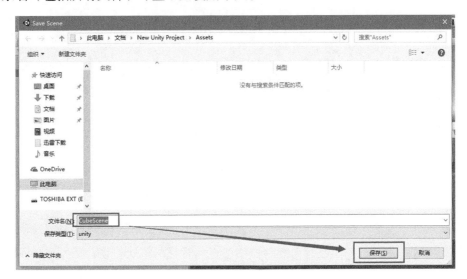

图 3-14 自定义场景文件名

3.2.6 Project（项目视图）

完成上述工作并进行保存后，在图 3-15 所示的 Project 视图中，可以看到刚才保存的场景。

Project 视图其实就是一个文件管理器，和 Windows 中的文件管理器及 Mac 中的 Finder 一样。可以看到，场景是保存在 Assets 文件夹下的，如图 3-16 所示。为了方便管理，通常人们会建立一个名为 Scenes 的文件夹来存放所有的 Scene（场景）文件，右键单击 "Assets"，选择 create → folder，命名为 "Scenes"，并将

CubeScene 移入 Scenes 文件夹下。单击"Scenes"，可以看到 CubeScene 文件所在的路径已经变为 Assets → Scenes 了。

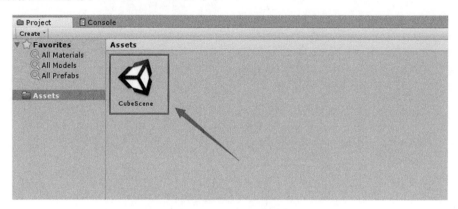

图 3-15　已保存的场景

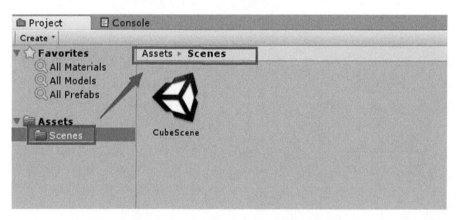

图 3-16　建立一个 Scenes 文件夹来保存场景

在 Project 标签的右边为 Console（控制台）标签，如图 3-17 所示。控制台视图是在调试程序的时候使用的，控制台中会显示程序的语法错误、运行时的逻辑错误和输出调试信息等。控制台视图将在介绍脚本语言的内容中进行介绍。

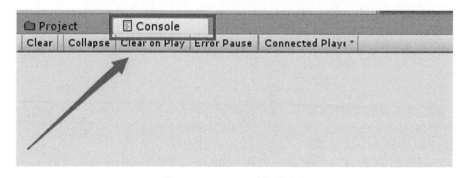

图 3-17　Console（控制台）

3.3　Unity 的资源导入

Project 视图显示了所有源文件和 Prefab（预制体），那么什么是 Prefab 呢？我们在 Hierarchy 视图中选中 Cube，拖动到 Project 视图中，这时在 Project 视图中新产生的 Cube 即为 Prefab（预制体），如图 3-18 所示。

有了预制体，就可以将预制体拖动到场景（Scene）中。通过使用 Prefab，我们可以在多个场景中复用同一个 GameObject 而不需要在新的场景中重新制作一个。

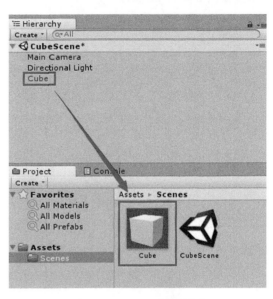

图 3-18　Prefab（预制体）

要导入资源文件到项目中，移动文件到 Assets 文件夹，它会自动导入到 Unity 中。如果要应用资源，只需从项目视图窗口中拖动资源文件到 Hierarchy 视图或 Scene 视图中即可。如果打算将资源应用到另一个项目，则拖动资源到该项目上。

以之前下载的 Vuforia 为例，这就是一个资源。找到下载的 Vuforia SDK，移动到 Assets 文件夹中，如图 3-19 所示。

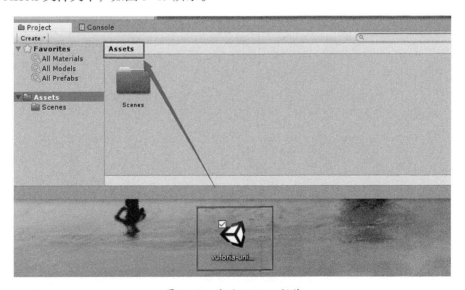

图 3-19　使用 Vuforia 插件

Unity 会花费一些时间来解析这个 Package，如图 3-20 所示。解析完成后，系统会弹出 Import Onity Package 窗口。

图 3-20　Unity 正在解析插件包

在 Import Unity Package 窗口中可以看到，这里显示了这个包内的文件夹和所有文件，开发者们可以选择需要的内容进行导入。这里，我们全选，直接单击右下角 "Import" 导入，如图 3-21 所示。稍等片刻，Unity 3D 就会完成导入工作。在导入 Vuforia 包时可能会出现图 3-22 所示的对话框。

图 3-21　选择插件包中需要导入的资源

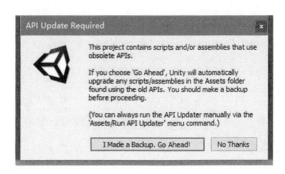

图 3-22　更新 API 提示

这个对话框的意思是所导入的 Package 中有较老的、废弃的 API（应用程序接口），需要更新 API。单击第一个按钮，更新 API。如果单击第二个按钮，将不更新 API。事实上，你可以随时选择 Assets → Run API Updater 来手动更新 API，如图 3-23 所示。

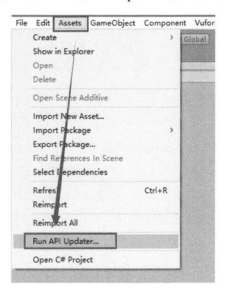

图 3-23　使用 API 升级工具

导入完成后可以看到 Project 视图中已经有新内容了，如图 3-24 所示。

图 3-24　查看导入的资源

这里介绍的是 Unity Package 的导入。除了导入 Package，我们还可以导入音频、图片和模型等。其导入方法是相同的，只要把需要的资源直接拖到 Assets 文件夹下就可以了。当然，为了便于管理，可以将同类文件放在同一个文件夹下，例如，所有的音频文件放在 Assets → Audios 中，所有的图片文件放在 Assets → Images 中。如果你正在开发较大的项目，或者想让你的资源保持有序，可以为你的资源添加标签，这样就可以在项目视图中利用搜索字段搜索到每个相关标签的资源。

需要注意的是，在 Project 视图里重命名或移动文件的核心内容，什么都不会破坏，但永远不要在 Finder/ 资源管理器或其他程序中重命名或移动任何东西，因为文件可能会被破坏。总之，Unity 为每个资源都存储了大量的元数据，如果将文件移出 Unity，Unity 将无法再为移动的文件关联元数据。

3.4　本章小结

本章主要介绍了 Unity 3D 的界面，它是由多个标签视图组成的，主要视图为 Hierarchy（层级）视图、Scene（场景）视图、Game（游戏）视图、Inspector（观察者）视图、Project（工程 / 项目）视图、Console（控制台）视图。

Hierarchy（层级）视图中显示一个场景中的所有 GameObject（游戏对象），Scene（场景）视图用来显示和编辑游戏，Game（游戏）视图用来预览游戏运行，Inspector（观察者）视图用来显示 GameObject 的属性，Project（工程 / 项目）视图用来显示所有资源和 Prefab（预制体），Console（控制台）视图用来调试脚本程序。

本章知识结构如图 3-25 所示。

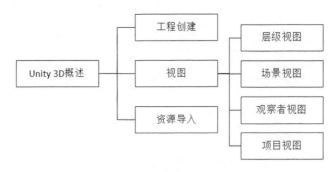

图 3-25　本章知识结构

3.5　练习

1. 下面关于 Unity 界面的说法中，错误的是（　　）。

    A．Main Camera 看到的内容就是用户看到的内容

    B．在 Game 视图中可以预览应用的效果

    C．在 Hierarchy 视图中，排在下面的对象会遮挡住排在上面的对象

    D．在 Inspector 面板中，可以观察对象的属性

2. 下面关于 Unity 操作的说法中，错误的是（　　）。

    A．Unity 的左上角有拖动工具、移动工具、旋转工具、缩放工具和矩形工具

    B．使用 Unity Package 导入资源可以按需选择内容导入

    C．按住鼠标左键同时使用 W、A、S、D、Q、E 键可以控制操作视角

    D．双击对象可以聚焦

第4章
Unity 3D 的用户界面基础

【知识目标】

 ◦ 了解 Canvas 对象
 ◦ 了解 UGUI 图形用户界面
 ◦ 了解 UGUI 控件功能

【能力目标】

 ◦ 掌握 Unity3D 的视图功能
 ◦ 掌握 Transform 和 Rect Transform 组件
 ◦ 掌握 UGUI 基本控件的应用

【任务引入】

　　软件的用户图形界面是认识和使用软件的基础，Unity 3D 软件具有强大的 UGUI 用户界面。与传统的 GUI 相比，它具有使用灵活、界面美观、支持个性化定制等特点，并且还支持多语言本地化。本章主要介绍 Unity 3D 软件的用户界面，特别是 UGUI 的控件使用方法，与读者一起敲开 UGUI 开发的大门。

4.1　Unity UGUI 简介

图形用户界面(Graphic User Interface，GUI)是一种通过图形的方式显示的用户操作界面。众所周知，任何一款应用都有图形界面供用户操作，因此，学习制作图形界面是一项必不可少的技能。UGUI 是一款 Unity 3D 官方的图形界面制作系统，使用起来非常方便。在 Unity 4.6 以后，Unity 推出了新的 UGUI，包括后面的 Unity 5.x 都采用了这一新的系统。UGUI 还在不断完善中。

4.2　Canvas 和 Rect Transform

4.2.1　创建 Canvas

Canvas（画布）是 UGUI 最基本的部分，所有的 UGUI 对象都依赖于 Canvas，Canvas 是所有 UI 对象的根元素。

打开第 3 章创建的工程，新建一个场景并保存，如图 4-1 所示。

命名为"Canvas"，保存在 Assets → Scenes 目录下，如图 4-2 所示。

图 4-1　新建一个场景并保存

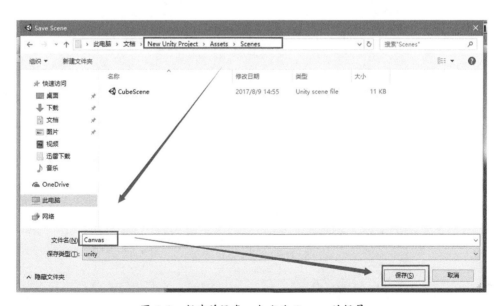

图 4-2　新建并保存一个名为 Canvas 的场景

选择 GameObject 菜单下的 UI → Canvas，在 Scene 视图中单击"2D"按钮切

换为 2D 视图，如图 4-3 所示。

图 4-3　切换为 2D 视图

双击 Hierarchy 视图下的"Canvas"，使画布居中显示。选中"Canvas"后观察
Inspector 面板，内容如图 4-4 所示。

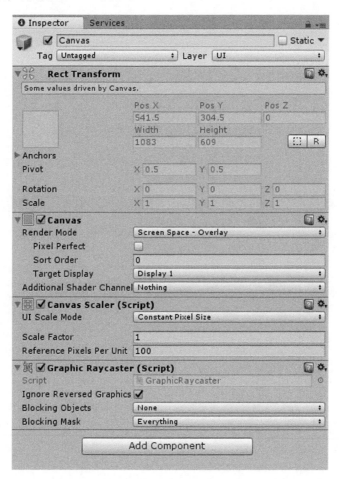

图 4-4　Canvas 组件的属性面板

4.2.2　Rect Transform 简介

Inspector 面板中的第一个组件为 Rect Transform，可以看到 Canvas 在场景中是一个矩形，在 Scene 视图中选中 Canvas，可以看到矩形周围有 4 个点，表示可以拖动。但是无论怎么拖动都没有变化，因为在 Rect Transform 组件下写着 "Some values driven by Canvas"（一些值是由 Canvas 组件驱动的）。Canvas 组件的第一个属性为 Render Mode（渲染模式），它的值为 Screen Space - Overlay，表示画布的大小是由屏幕尺寸决定的，运行时画布将充满整个屏幕，并且当设备的分辨率变化时，Canvas 的大小也会相应变化，这就是画布不能调整大小的原因。如果把 Render Mode 调整为 World Space（见图 4-5），就会发现 Canvas 的大小可调了。

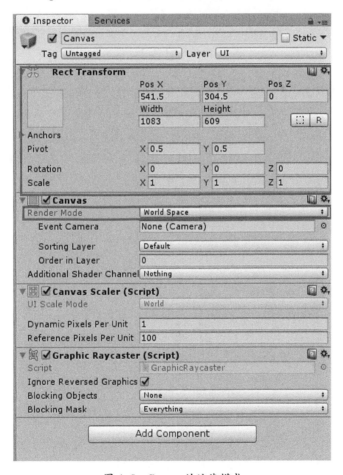

图 4-5　Canvas 的渲染模式

但 Screen Space - Overlay 是比较常用的渲染模式，所以还是将 Render Mode 设置为 Screen Space - Overlay。

通常情况下，UI 的设计图由设计师给出。UI 图的分辨率是固定的，例如，你拿到的 UI 图分辨率为 1366 像素 ×768 像素，当你把 UI 图放到工程中，导出 App 后，在分辨率为 1366 像素 ×768 像素的设备上运行是没有问题的，但是如果设备的分辨率不一样，可能会导致 UI 错乱、重叠等问题。所以在 Canvas Scaler 组件中，将 UI Scale Mode 调整为 Scale With Screen Size，Reference Resolution 调整为 UI 图的分辨率，如 1366 像素 ×768 像素，Screen Match Mode 设置为 Expand，如图 4-6 所示。

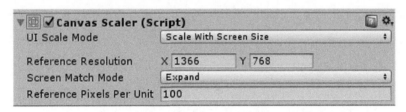

图 4-6　Canvas 的相关设置

在 UI 的布局中，就需要用到 Unity 3D 的矩形工具了。每个 UI 元素都表示为一个用于布局的矩形，可以使用工具栏中的矩形工具在 Scene 视图中操作此矩形。矩形工具可用于移动、调整大小并旋转 UI 元素。你可以通过单击矩形中的任意位置并拖动来移动它，可以通过单击边缘或角落并拖动来调整大小，也可以通过将光标悬停在远离角落的位置，直到鼠标光标看起来像旋转符号来旋转该元素。

4.2.3　Rect Transform 与 Transform 的区别

Rect Transform 是一种用于所有 UI 元素的新的 Transform 组件，而不是常规的 Transform 组件。Rect Transform 和常规的 Transform 组件同样有定位、旋转和缩放功能，它也具有宽度和高度属性，用于指定矩形的尺寸。与 Transform 组件不同的是，Rect Transform 有 Anchors（锚点）和 Pivot（中心点）的概念，旋转和缩放将围绕 Pivot（中心点）发生变化。锚点在场景视图中显示为 4 个小三角形手柄，如果一个 Rect Transform 的父项也是一个 Rect Transform，那么可以将子 Rect Transform 锚定到父 Rect Transform 上。如图 4-7 所示，如果 UI 元素锚定到父中心，则元素保持与中心的固定偏移；如果 UI 元素锚定到父级的右下角，则元素保持与右下角的固定偏移；如果元件的角部保持固定的偏移到它们各自的锚，元件的角则保持到它们各自的锚有固定的偏移。在 Inspector 中，可以在 Rect Transform 组件的左上角找到 Anchor Presets 按钮，从这里可以快速选择一些最常见的锚定选项。可以将 UI 元素锚定到父项的边或中间，或者与父项一起展开，水平和垂直锚定是独立的。

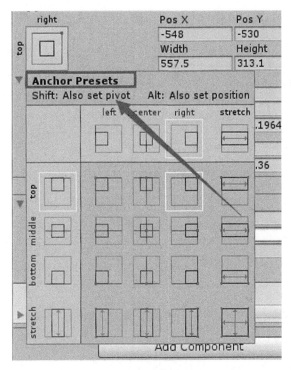

图 4-7　预设的中心点

4.3　EventSystem

创建 Canvas 时，在 Hierarchy 视图中会自动添加一个 EventSystem，如图 4-8 所示。

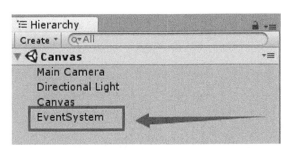

图 4-8　自动添加的 EventSystem

在图 4-9 中，可以看到 EventSystem 的 Inspector 面板中有两个重要的组件，第一个是 Event System，第二个是 Standalone Input Module。

Event System 是用来操作输入、射线及发送事件的，Event System（事件系统）的责任就是在一个 Unity 场景中处理事件。一个场景中只能有一个 Event System。

Standalone Input Module 组件是系统提供的标准输入模块。继承自 Base Input

Module。Base Input Module 是一个基类模块，负责发送输入事件（单击、拖曳、选中等）到具体对象。

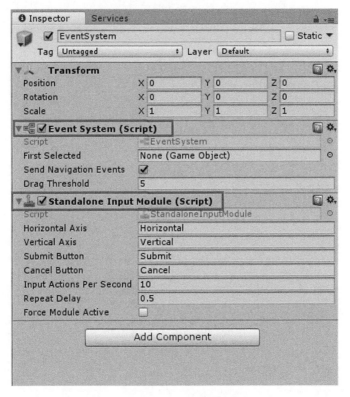

图 4-9 EventSystem 的属性面板

除了以上两个组件，还有一个 Base Raycaster 组件，这个组件可以通过射线投射组件确定鼠标单击的目标对象。

总体来说，Event System 负责管理，Base Input Module 负责输入，Base Raycaster 负责确定目标对象，目标对象负责接收事件并处理，这就是一个完整的事件系统。

4.4 UGUI 控件简介

4.4.1 UI Text

右键单击 Hierarchy 视图中的"Canvas"，在弹出的快捷菜单中选择 UI → text，创建一个文本，如图 4-10 所示。

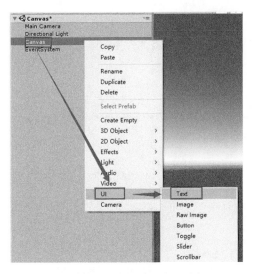

图 4-10　UI Text（文本组件）

在 Hierarchy 视图中的 Canvas 下出现了名为 Text 的子物体，如图 4-11 所示。

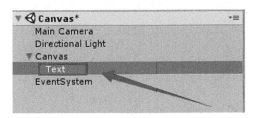

图 4-11　Text（文本对象）

查看 Text 的 Inspector 面板，可以看到里面有一个 Text 组件，如图 4-12 所示。

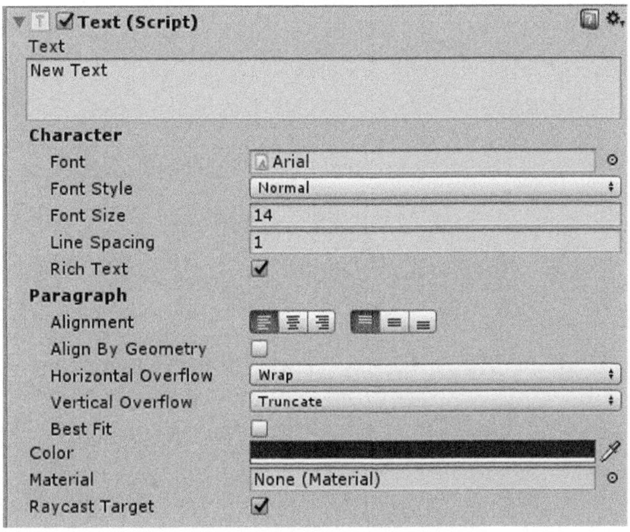

图 4-12　Text（文本组件）

第一个属性为 Text，如图 4-13 所示。通过修改其中的值就可以修改文本的内容，在 Character 属性段中可以修改字体格式，在 Paragraph 属性段中可以设置段落格式。最终效果如图 4-14 所示。

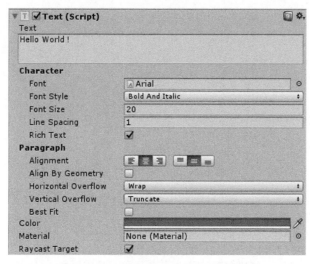

图 4-13　在 Text 组件中定义文本样式

图 4-14　文本在 Canvas 上的效果

4.4.2　UI Image

右键单击 Hierarchy 视图中的"Canvas"，在弹出的快捷菜单中选择 UI → Image，通过 Image 组件创建一个图片。创建完成以后出现一个白色矩形，这个矩形为图片的容器，决定了图片的大小和位置。图片的内容需要在 Inspector 面板中的 Source Image 中填写，如图 4-15 所示。现在 Source Image 中的内容为 None。

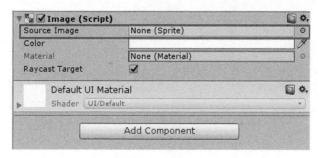

图 4-15　Image 组件

在项目中导入一张图片，如图 4-16 所示。

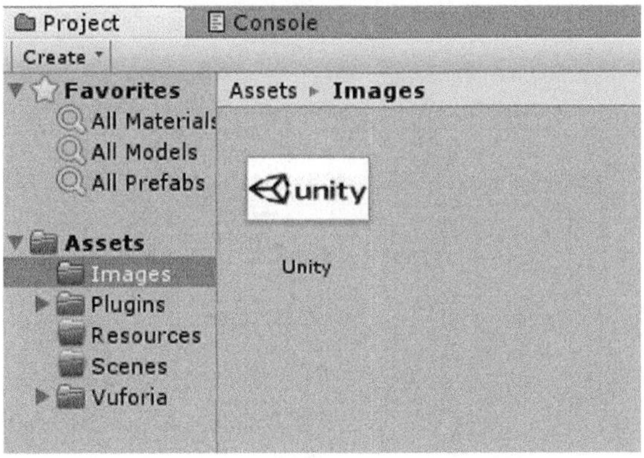

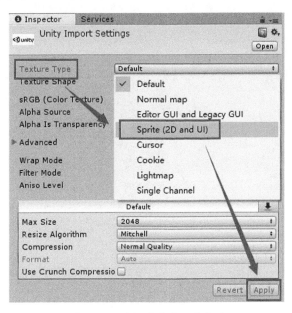

图 4-16　在项目中导入一张图片

选中图片，在 Inspector 界面中将 Texture Type 修改为 "Sprite(2D and UI)"，然后单击 "Apply"，如图 4-17 所示。

图 4-17　编辑图片的贴图类型

再次选中 Hierarchy 视图中的 Image，在 Inspector 中单击 Source Image 后的圆圈，选择刚导入的图片资源，如图 4-18 所示。

但是 Image 容器的尺寸和图片的尺寸不同，会导致图片变形，所以需要调整 Image 的尺寸。从图 4-18 左下角导入图片的提示上可以看到，图片的大小为 400 像素 ×261 像素，所以将图片的宽度（Width）和高度（Height）也调节为 400 像素 × 261 像素，如图 4-19 所示。

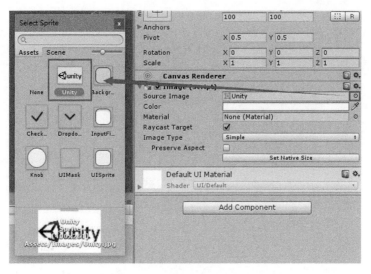

图 4-18　将贴图应用到 Image 组件中

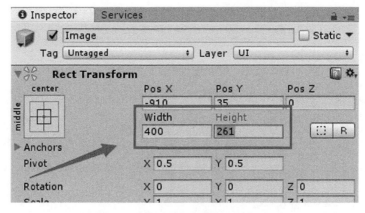

图 4-19　设置 Image 对象的宽度和高度

4.4.3　UI Button

如图 4-20 所示，创建一个按钮，右键单击 Hierarchy 视图中的 "Canvas"，在弹出的快捷菜单中选择 UI → Button，可以看到，在 Hierarchy 下的 Button 中还有一个 Text 子物体。

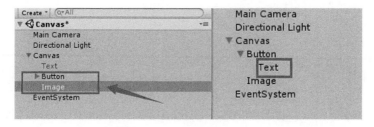

图 4-20　Hierarchy 层级关系和 Button 下的 Text 子物体

　　这个 Text 和之前介绍的 UI Text 是一样的，它用来显示按钮上的文字。在 Button 的 Inspector 中可以看到有 Image 和 Button 两个组件（见图 4-21）。Image 组件用来修改 Button 的贴图，Button 组件用来调节按钮动画和按钮事件。

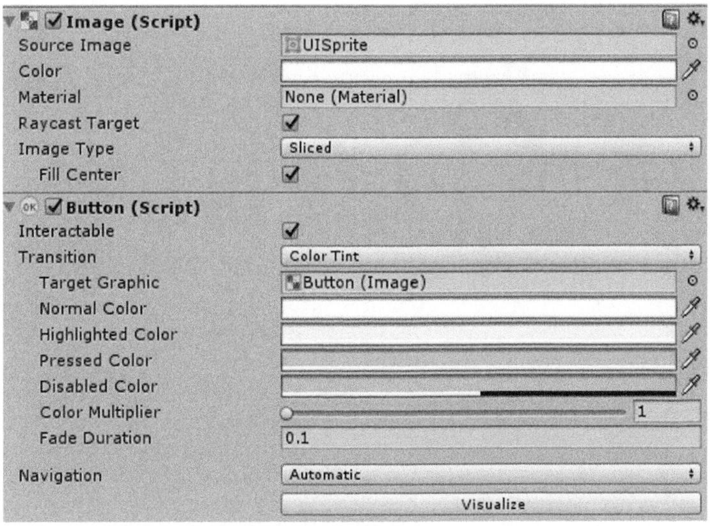

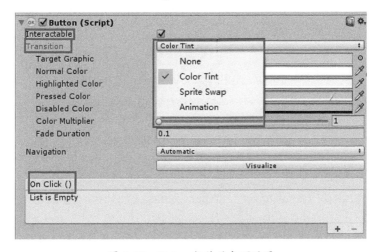

图 4-21　Button 对象的 Image 和 Button 组件

　　在 Button 组件中，Interactable 控制按钮是否可用，Transition 控制按钮的过渡方式，Color Tint 为颜色变化，Sprite Swap 为贴图变化，Animation 为动画过渡。选择不同的过渡方式下面就会有不同的选择项。各项设置如图 4-22 所示。On Click() 为单击事件，目前单击按钮并不会有任何响应，我们把刚才制作的 Image 的层级放在 Button 下面（在 Hierarchy 视图中，上面的 GameObject 先渲染，所以下面的 GameObject 将遮盖在上面的 GameObject 上）。

图 4-22　Button 组件的各项设置

在 Scene 中让 Image 的中心和 Button 的中心对齐，如图 4-23 所示。

图 4-23　中心对齐

在 Image 的 Inspector 界面中将 Image 无效化（见图 4-24），这时在 Scene 中将看不到 Image。

图 4-24　设置一个对象为非活跃状态

选择 Button，单击 On Click() 下的"+"号，如图 4-25 所示。

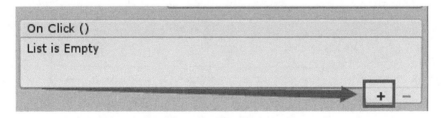

图 4-25　添加事件处理函数

单击 GameObject 右侧的圆圈，选择 Image，如图 4-26 所示。

选择 Function 为 GameObject → SetActive(bool)，如图 4-27 所示。

选中 Image 右侧的复选框，如图 4-28 所示。

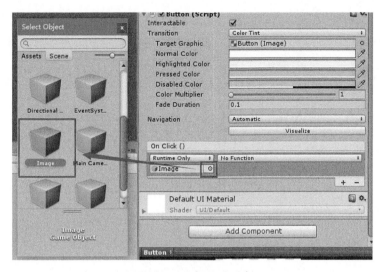

图 4-26　选择操作对象

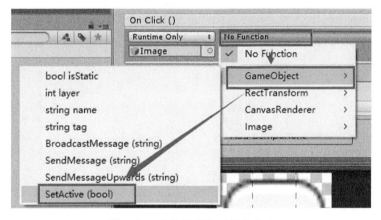

图 4-27　选择设置活跃性的方法

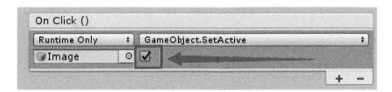

图 4-28　选中 Image 右侧的复选框

　　这样，一个单击事件就注册完成了。这个事件的作用是当单击按钮以后，Image 从之前设置的不可用变为可用，也就是将图片显示出来。现在可以单击"运行"按钮 ▶ Ⅱ ▶Ⅰ 进行测试，在 Game 视图中单击按钮，图片显示出来；再次单击"运行"按钮停止调试，这样只能实现一些比较简单的事件。如果要实现复杂的效果，就需要借助脚本。

这 3 个组件是最基本也是最常用的 UI 组件，掌握这几个组件就可以布局一些比较简单的 UI 界面了。

4.5 本章小结

本章介绍了 Unity 3D 的 UI 系统——UGUI，开发者可以方便地制作出各式各样的 UI 界面。在使用 UGUI 时，Canvas 是必要的 GameObject，所有的 UI 控件都必须存在 Canvas 中。即使不创建 Canvas，而直接创建 UI 控件，Canvas 也会自动生成。在创建 Canvas 的同时，Unity 3D 也会自动为我们创建一个 EventSystem，这个事件系统为 UI 提供事件响应系统。

在 UI 控件中，由于 UI 是 2D 界面，因此有一个与一般的 GameObject 不同的 Transform，叫作 Rect Transform，它有 Pivot 和 Anchor 两个特殊属性，Pivot 为中心点，用于影响形变；Anchor 为锚点，用于控制子物体相对于父物体的位置变化。在 Rect Transform 组件中有预设的锚点供开发者选择。

UI 控件有许多种，本章介绍了最基本的 UI Text、UI Image 和 UI Button 控件的配置和使用。

本章知识结构如图 4-29 所示。

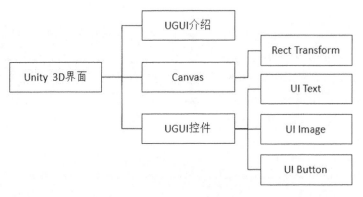

图 4-29　本章知识结构

4.6 练习

1. 下面关于 UGUI 的说法中，错误的是（　　）。

A. 在 UGUI 诞生以前，NGUI 是 Unity UI 的第一解决方案

B. 所有的 UGUI 对象都依赖于 Canvas

C. 操作 UI 时，使用 2D 界面更为方便

D. Screen Space - Overlay 渲染模式的 Canvas 可以任意调整大小

2．下面关于 Rect Transform 的说法中，错误的是（　　）。

　　A．Rect Transform 和常规的 Transform 组件一样有定位、旋转和缩放功能

　　B．Rect Transform 有 Anchors（锚点）和 Pivot（中心点）的概念

　　C．Anchor 影响形变，Pivot 控制子物体相对于父物体的位置变化

　　D．旋转和缩放将围绕 Pivot 中心点发生变化

3．下面关于 Unity 事件的说法中，错误的是（　　）。

　　A．一个场景中只能有一个 Event System

　　B．Button 的 Inspector 中，单击 On Click() 下的 "+" 号可以为按钮添加单击事件

　　C．在 Inspector 中添加事件是注册事件的唯一方式

　　D．Text 组件不仅存在于 Text 对象中，在 Button 中也存在

第5章
粒子系统与动画系统

【知识目标】

- 了解粒子系统
- 了解动画的切割
- 了解 Animator 组件

【能力目标】

- 掌握粒子系统创建和参数调节
- 掌握通过帧数表进行动画切割
- 掌握制作动画状态机

【任务引入】

　　粒子系统是计算机图形学中通过三维控件模拟渲染出来二维图像的技术，它在模仿自然现象和物理现象上具备得天独厚的优势，这些现象用其他传统的渲染技术难以实现。经常使用粒子系统模拟的自然现象有烟花、爆炸、火花、水流、落叶、云雾、飞雪、雨水、流星等，或者如发光轨迹、空间扭曲等一些抽象视觉效果。一个粒子系统由粒子发射器、粒子动画器和粒子渲染器 3 个独立的部分组成。动画，顾名思义是指能"动"的画。由于人眼对图像的短暂记忆效应，当看到多张静态图片连续快速切换时，人脑就会理解为是一段连续播放的动画了。例如，中国古代的"走马灯"和现代的电影艺术，就利用了这个简单的原理。粒子系统和动画系统是 Unity 3D 软件的基本并重要的功能模块。读者通过本章学习软件中这两个系统的基本操作方法，可以为后续的动画效果实现打下基础。

5.1　粒子系统的创建

在游戏中，玩家经常能看到各种特效，如烟花、烟雾、雨水、爆炸和火焰等，这些都是由粒子系统制作的。Unity 3D 支持粒子系统，下面我们就来创建一个粒子系统。打开之前创建的 Unity 3D 工程，新建一个场景，并且命名为 Particle，保存在 Scenes 文件夹中，如图 5-1 所示。

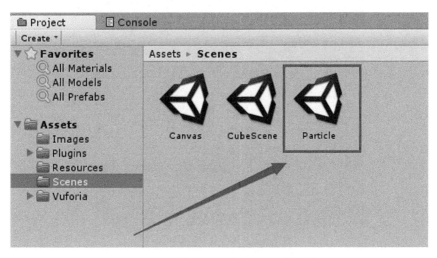

图 5-1　创建一个名为 Particle 的场景

选择菜单中的 GameObject → Effects → Particle System 创建一个粒子系统，如图 5-2 所示。

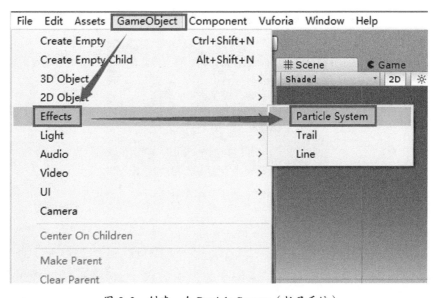

图 5-2　创建一个 Particle System（粒子系统）

Hierarchy 视图中有了一个 Particle System，将 Scene 视图切换为 3D 状态，双击 Particle System 聚焦，可以看到粒子系统如图 5-3 所示。

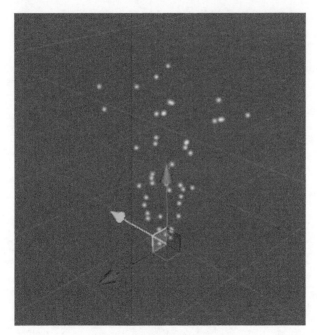

图 5-3　初始的粒子系统

在这个粒子动画中可以看到有许多白色的球冒上来，这些白色的球就是系统中的粒子，它们从一个点产生出来，具有向上的加速度。这些粒子分布在一个锥形区域，在运动一段时间后就会消失。在 Scene 视图的右下角有一个控制粒子系统播放、暂停等功能的面板，如图 5-4 所示。

Particle Effect	
Pause	Stop
Playback Speed	1.00
Playback Time	34.79
Particles	50
Speed Range	5.0 - 5.0

图 5-4　粒子系统控制面板

上面显示了 Playback Speed（播放速度）、Playback Time（时间）、Particles（粒子数）和 Speed Range（速度范围）。"Pause"和"Stop"按钮控制粒子系统的暂停和停止，"Stop"按钮会将粒子系统变为最初状态，即播放时间和粒子数都初始化为 0。在 Scene 右下角的面板上可以看到粒子数稳定在 50 个，也就是每产生一个粒子，就会有一个粒子消失。这些特点都包含于粒子系统的属性中，并且用户可以自定义修改。

5.2　粒子系统参数

5.2.1　基本属性

在 Hierarchy 视图中选中粒子系统，在 Inspector 面板中查看属性，里面有一个粒子系统组件，这个组件十分庞大。但是初始的粒子系统并没有用到太多模块（Module），单击 Particle System 右边的加号，把 Show All Modules 前的勾去掉，如图 5-5 所示。

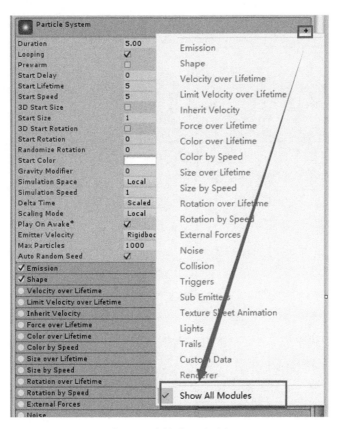

图 5-5　选择展示的模块

这样，粒子系统的组件就只显示使用到的 Module（模块）了。从图 5-6 中可以看到，粒子系统分为基本属性和其他模块，红色方框内框起来的就是基本属性。

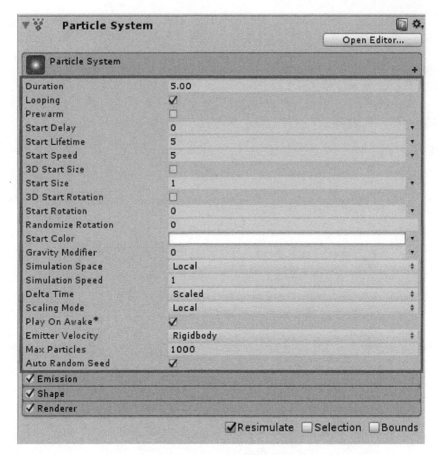

图 5-6　粒子系统的基本参数

第 1 个属性为 Duration（持续时间），单位为秒。在一个粒子系统中，所有的粒子都是由一个点发射出来的，持续时间就是这个点发射粒子的时间，时间到了以后这个点就不再发射粒子。该例中，5 秒以后粒子系统仍在发射粒子，这是由于 Looping（循环）被勾选了。

第 2 个属性是 Looping（循环），它的作用是让粒子系统循环运行，所以 5 秒之后进入了循环，粒子就会不断地发射出来。所以如果取消勾选 Looping 选项，Duration 的效果就能看出来了。

第 3 个属性是 Prewarm（预热），只有在 Looping 被勾选的情况下才能使用。没有勾选 Prewarm 时，停止（单击"Stop"按钮）运行粒子系统然后重新运行（单击"Simulate"按钮），可以看到粒子数是从 0 开始慢慢增多直到稳定的。但是如果勾选了 Prewarm，停止（单击"Stop"按钮）运行粒子系统然后重新运行（单击"Simulate"按钮），则一开始粒子系统就处于图 5-4 中设置的粒子数为 50 的稳定状态。这就是 Prewarm 的作用。

第 4 个属性是 Start Delay（开始延迟），当粒子系统启动后，粒子不会立即发射，而是会经过一段 Start Delay 再开始发射。

第 5 个属性是 Start Lifetime（粒子的存活时间）。一个粒子从发射出来开始计时，当到达存活时间时，粒子就会被消灭。从宏观上来看，Start Lifetime 的值越大，粒子就越多，分布范围越广。

Start Speed，即初速度；3D Start Size，即粒子大小，不勾选的话则通过下面的 Start Size 值等比例缩放粒子，勾选了以后则可以设置各自 x 轴向、y 轴向、z 轴向的缩放比例；Start Rotation 为初始旋转值；Start Color 为初始颜色，可以设置为多种模式，如图 5-7 所示。默认为 Color，单一颜色，后面依次为渐变、两种颜色间的随机色、两种渐变色间的随机色、随机色。这里使用了第 4 种模式，效果如图 5-8 所示。

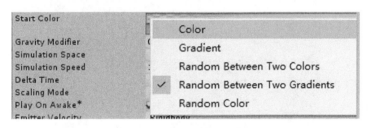

图 5-7　选择粒子颜色

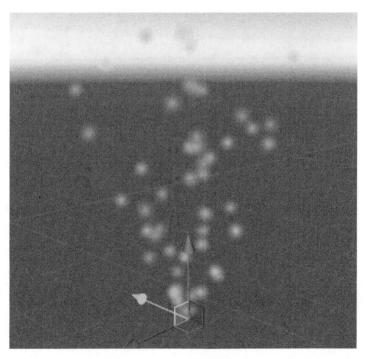

图 5-8　渐变随机的效果

下一个属性是Gravity Modifier（重力模拟器），可以设置重力的大小和方向，值为正时重力向下，值为负时重力向上，绝对值越大，重力的效果越明显。当初速度为5、重力值为0.5时，效果如图5-9所示。

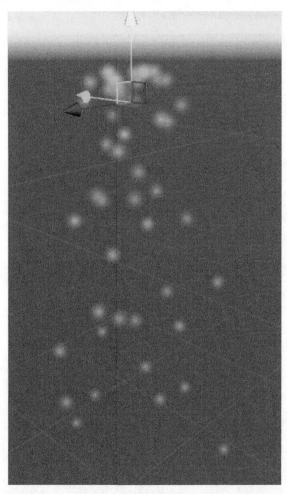

图 5-9　设置重力的效果

接下来是Simulation Space（发射坐标）属性，它有 3 个参数可供选择。第 1 个是 Local（默认），第 2 个是 World，第 3 个是 Custom。如果选择 Local，则粒子还是属于本地粒子发射器的，粒子发射出来后，粒子发射器在哪里粒子就在哪里；但是选择了 World 就会截然不同，它表示发射出来的粒子是属于世界的，已经不属于粒子发射器，所以当使用者移动粒子发射器时，已经发射的粒子仍然留在原地；如果选择 Custom，就需要添加一个 GameObject，粒子将随之移动。

还有一些基本属性，如 Play On Awake 代表的是打开就自动播放，其他的都较容易理解，不再一一赘述。

5.2.2　Emission 组件

Emission 组件中，第 1 个属性为 Rate Over Time（发射速率）。如果 Rate Over Time 设置为 10，Duration 是 5 秒，那么就是每秒发射 10 个粒子，5 秒就发射 50 个。但是现在如果把 Rate Over Time 改成 1000，即一秒一次性发射 1000 个粒子，此时如果参照图 5-6 中设置 Max Particles 为 1000，也就是说第 1 秒就把所有的粒子发射完了，那么接下来的 4 秒就没有粒子可以发射了。

在图 5-10 中，可以看到粒子数目非常多，而且后面不再有粒子发射出来。在 Emission 中有一个 Bursts（粒子集）选项，可以控制粒子发射时间，如图 5-11 所示。

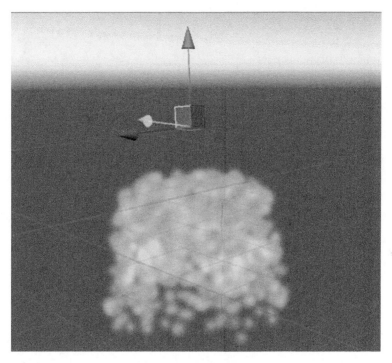

图 5-10　粒子的发射效果

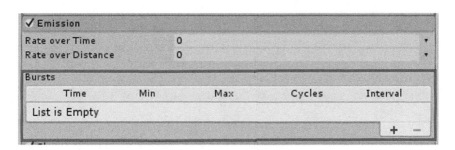

图 5-11　Bursts（粒子集）

首先将速度设为 0，单击 "+" 号，新建一个 Burst，如图 5-12 所示。

Bursts				
Time	Min	Max	Cycles	Interval
2.00	30	30	4 ▾	0.50

图 5-12　自定义一个粒子集

可以看到图 5-12 中有几个值，第一个为 Time（时间），由于这个粒子系统的持续时间为 5 秒，因此时间就必须小于 5，这里设置为 2.00；Min 为最小粒子数，Max 为最大粒子数；Cycles 为循环数，这里设为 4；Interval 为循环间隔时间，这里设置为 0.50。这样设置的效果是在粒子系统启动 2.00 秒后，发射出 30 个粒子，经过 0.50 秒，再发射出 30 个粒子，一共发射 4 次。3.50 秒时发射最后 30 个粒子，一共发射了 120 个粒子。Bursts（粒子集）可以设置多个，但粒子总数不能超过最大粒子数，如果超过了，超过部分的粒子将不发射出来。

5.2.3　Shape 组件

Shape 组件可以设置粒子发射范围的形状，如锥形、球形、方形等。在锥形中可以设置锥形的角度、半径、母线长度等属性，还可以设置位置、旋转、缩放等基本属性。

粒子系统的各种组件和属性非常多且复杂，但都比较容易理解。粒子系统的属性就介绍到这里。

5.3　动画的切割

在实际项目中，仅靠 Unity 3D 内支持的简单模型制作的游戏未免太过单调，并且要在 Unity 3D 中做一个人物模型出来太困难。制作模型有专门的软件，一般来说，Unity 3D 工程师的模型（包含动画）大多来自设计师，模型文件的扩展名一般为 .fbx。图 5-13 中红框内的都是 fbx 文件。

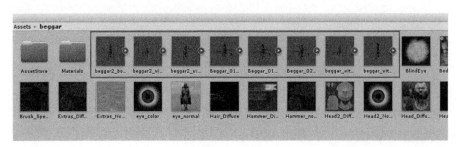

图 5-13　fbx 文件

单击图 5-13 所示的 fbx 文件右侧的小三角，可以展开这个模型所包含的内容。

如果模型包含动画，那么动画也可以在里面显示出来，红框内的图标就是动画的标志，如图 5-14 所示。

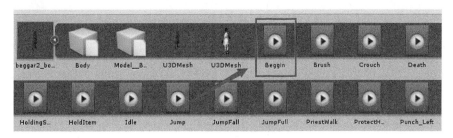

图 5-14　动画资源

在图 5-14 所示的模型中，各种动作（如走、跑、跳跃）都已经被分割开来，但是也会有模型将所有动画都混合在一起的情况，如图 5-15 所示。

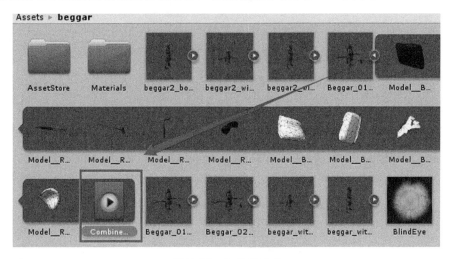

图 5-15　合并的动画

在这个模型中，只有一个动画片段，该动画包含了所有动作。那么如何将各个动作分开呢？如图 5-16 所示，首先选中这个物体，在其 Inspector 面板中选择 Animation。

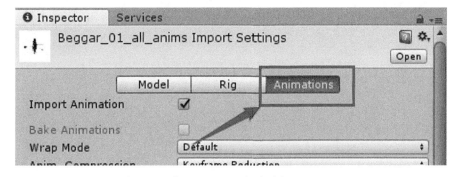

图 5-16　在 Inspector 面板中选择 Animation

在 Animation 中可以存放剪辑后的动画片段。片段的切割需要一个帧数表（可以从设计师处获得），如这个模型的部分帧数表，如图 5-17 所示。

0	1	Default
2	251	Idle
252	451	Stand
452	501	Beggin
502	534	PriestWalk
535	567	Walk
568	584	Run
585	614	Brush
615	648	Hammer

图 5-17　帧数表示例

第 1 列代表起始帧，第 2 列代表结束帧。那么图 5-17 所示的帧数表中，第 1 行的意思就是从第 0 帧到第 1 帧为默认动画，第 2 行的意思是从第 2 帧到第 251 帧为空闲动画，第 3 行的意思是从第 252 帧到第 451 帧为站立动画，以此类推。

看懂了帧数表以后就要根据帧数表进行动画切割了。如图 5-18 所示，在 Clips 中新建一个 Clip，命名为"Default"（由帧数表获得，也可以自己命名），设置起始帧和结束帧分别为 0 和 1。

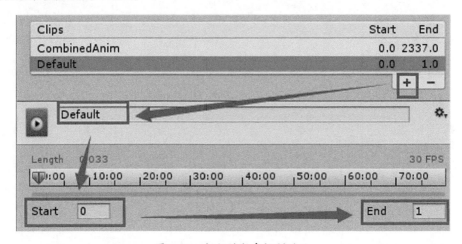

图 5-18　根据帧数表切割动画

这样，Default 动画片段就切割完成了。再新建一个 Clip，命名为"Idle"，设置起始帧和结束帧分别为 2 和 251，如图 5-19 所示。

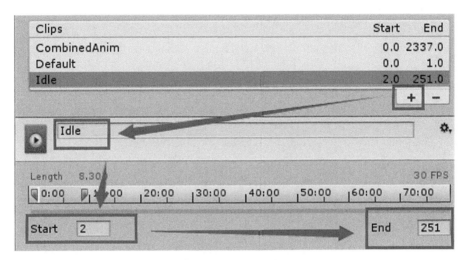

图 5-19　根据帧数表切割 Idle（空闲）动画

这样，将所有的动画都切割完毕后，单击右下角的"Apply"就可以保存完成的动画片段了。

5.4　Animator 组件

动画切割完成后，要让模型动起来，还需要控制动画的组件——Animator。将文件拖入场景，在模型的 Inspector 界面单击 Add Component，在搜索框中输入 Animator，找到并单击添加，如图 5-20 所示。

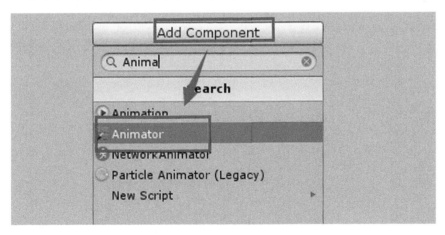

图 5-20　搜索并添加 Animator 组件

Animator 组件需要两个元素，第一个是 Animator Controller，即动画状态机，将在下一节介绍；第二个为 Avatar（阿凡达），也就是模型骨架。Avatar 在 fbx 中的图标为▊，如果 fbx 文件包含 Avatar，只需要将 Avatar 拖入 Animator 组件的

Avatar 属性中即可。如果不存在，就需要自己创建。

选中 fbx 文件，在 Inspector 面板中选择 Rig，如图 5-21 所示。

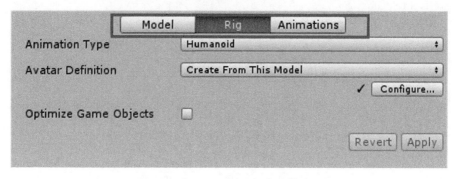

图 5-21 在 Inspector 面板中选择 Rig

由于这个模型是个人类，所以 Animation Type 选择 Humanoid。Animation Type 中除了 Humanoid 之外，还有 Legacy 和 Generic 类型。Legacy 用来兼容 Unity 3D 低版本中的模型动画，Generic 类型是一种介于人形和非人形的模型之间的通用类型。在下面的 Avatar Definition 中选择 Create From This Model，即通过当前的模型来生成一个 Avatar。完成后单击 Apply，就会在 fbx 文件中产生一个 Avatar。

5.5 动画状态机

在 Project 视图中的空白处单击鼠标右键，在弹出的快捷菜单中选择 Create → Animation Controller，即创建了一个动画控制器（状态机），如图 5-22 所示。

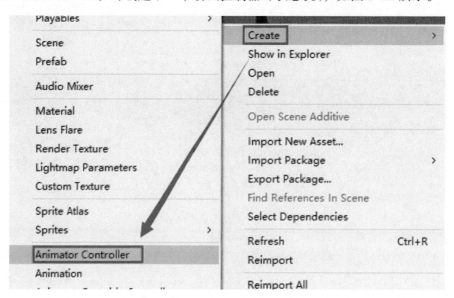

图 5-22 创建一个 Animation Controller（动画控制器）

双击这个 Animation Controller，会打开一个 Animator 视图，视图中有 3 个默认状态，分别为 Any State、Entry 和 Exit，如图 5-23 所示。

图 5-23　默认的 3 个动画状态

Entry 表示当进入当前状态机时的入口，该状态连接的状态会成为进入状态机后的第一个状态。Any State 表示任意的状态，其指向的状态是在任意时刻都可以切换过去的状态。Exit 表示退出当前状态机的出口，如果有任意状态指向该出口，表示可以从指定状态退出当前的状态机。

我们可以在界面中的空白处单击鼠标右键，在弹出的快捷菜单中选择 Create State → Empty，创建一个新状态，如图 5-24 所示。也可以直接将一个 Animation Clip 拖动到界面中。

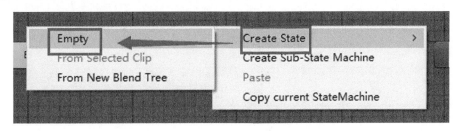

图 5-24　创建一个空状态

第一个创建的状态将变成橙色，代表默认状态，并且 Entry 会有一个箭头指向它，如图 5-25 所示。

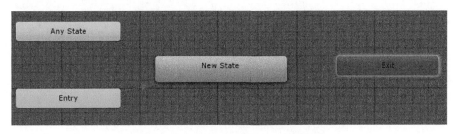

图 5-25　默认状态将显示为橙色

选中这个新建的状态，在 Inspector 面板中可以看到很多属性。

如图 5-26 所示，第一个 Motion 属性需要填入一个 Animation Clip，既然这个是默认状态，就把名为 Idle 的 Animation Clip 拖动上去，并且命名为"Idle"。创建完成以后把这个 Animator Controller 拖动到 Animator 组件中并运行，我们的角色就已经动起来了。

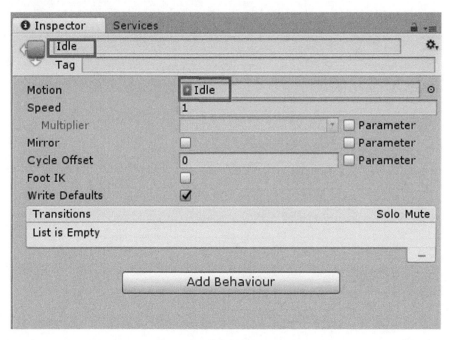

图 5-26　应用一个动画片段

但是，一个角色不可能只有一种动画，这里假设模型除了 Idle 动画还有行走和跑步的动画，那么在 Animator Controller 中就再新建两个状态，一个命名为"Walk"，另一个命名为"Run"，如图 5-27 所示。

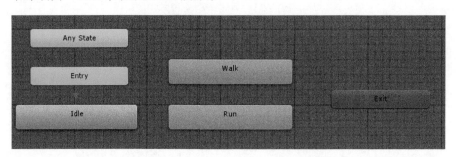

图 5-27　创建 Walk 和 Run 两个状态

有了状态以后，就要理清状态之间的逻辑，假设这个角色在行走一段时间后就会进入跑步的状态，那么角色就会从 Idle 状态转变为 Walk 状态，从 Walk 状态转变为 Run 状态，当然也会从 Walk、Run 状态转变为 Idle 状态。这些状态的转变要如何在 Animator Controller 中体现出来呢？我们右键单击 Idle 状态，在弹出的快捷菜单中选择 Make Transition，然后单击"Walk"，这样就代表 Idle 状态可以转换到 Walk 状态。根据之前的逻辑将所有的状态都连接起来，如图 5-28 所示。

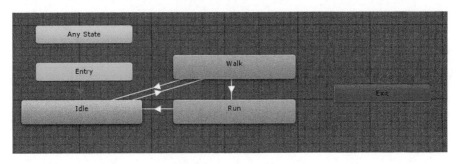

图 5-28 连接状态机

这些状态之间都是通过判断 Parameters（参数）的变换来切换的。单击 "Parameters"按钮进入参数列表。单击右边的"+"号，可以看到有 4 种数据类型，分别为 Float、Int、Bool 和 Trigger，如图 5-29 所示。

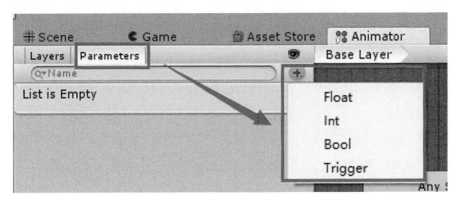

图 5-29 选择参数类型

其中，Float 是浮点型参数，Int 是整型参数，Bool 是布尔类型参数，Trigger 本质上也是一个布尔类型的参数，但是其值默认为 false，且设置为 true 后系统会自动将其还原为 false。

首先，设置一个 Bool 类型的变量，命名为"walk"，初始化为 false，如图 5-30 所示。

图 5-30 初始化一个名为 walk、值为 false 的变量

当按键盘某个键时，walk 变为 true，状态由 Idle 转换为 Walk。

然后，选中 Idle 转换为 Walk 的那条箭头，在 Inspector 面板中的 Conditions（条件）选项中新增一个 walk 为 true 的条件，如图 5-31 所示。

图 5-31　新增一个 Walk 为 ture 的条件

这样，一个状态转换就完成了。至于如何控制键盘选择改变参数，就涉及脚本编程了，这里先简单介绍一下，详见第 6 章。

```
Input.GetKeyDown(KeyCode.W)        // 检测 W 键是否按下
Animator.SetBool("walk", true)     // 用来将 walk 参数设为 true
```

5.6　本章小结

本章介绍了 Unity 3D 的粒子系统和动画两个部分。粒子系统可以用来做一些特效，它的本质就是由一个粒子发射器发射出粒子。粒子系统有很多模块和参数，这些多变的参数使粒子系统可以做出各种各样的效果。粒子系统中的粒子是可以自定义的，只要将自己所需要的材质拖动到粒子系统上，发射出的粒子就会变成所需要的样子。在很多游戏中，我们见到的烟雾、火焰、下雨等特效都是由粒子系统完成的。

动画是游戏可玩的必不可少的条件。动画一般是由设计师完成后交给 Unity 3D 工程师的。连续的混合动画需要进行切割才能使用，我们可以在 Prefab 的 Inspector 界面中，根据帧数表在 Animations 中进行切割。模型执行动画还需要 Animator 组件，Animator Controller 和 Avatar 是这个组件必不可少的两个部分。Avatar 是模型的骨架，只有骨架正确才能播放出正确的动画；Animator Controller 是用来控制动画切换的状态机，通过建立状态之间的联系画出状态机，然后通过设置参数和状态转换条件来控制动画的播放逻辑。

本章知识结构如图 5-32 所示。

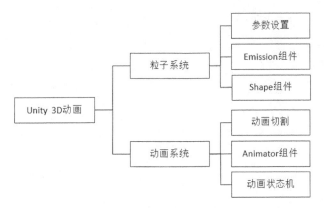

图 5-32　本章知识结构

5.7　练习

1. 下列关于粒子系统的说法中，错误的是（　　）。

    A．烟花、烟雾、雨水、爆炸、火焰等都是由粒子系统制作的

    B．Stop 按钮会将粒子系统变为最初状态，即播放时间、粒子数都初始化为 0

    C．Looping 的作用是让粒子系统循环运行

    D．Duration 是 5 秒，代表粒子就一定会发射 5 秒

2. 下列关于粒子系统的说法中，错误的是（　　）。

    A．如果 Simulation Space 为 Local，则发射出去的粒子会跟随粒子发射器移动

    B．粒子集选项可以控制粒子发射的时间

    C．Shape 组件可以设置粒子的形状

    D．Start Lifetime 的值越大，粒子就越多，分布范围越广

3. 下列关于模型和动画的说法中，错误的是（　　）。

    A．模型文件一般格式为 .fbx

    B．在 Inspector 面板中选择 Animation 来切割动画

    C．帧数表中第 1 列代表结束帧，第 2 列代表起始帧

    D．Avatar 是模型的骨架

4. 下列关于 Animation Controller 的说法中，错误的是（　　）。

    A．状态机中有 3 个默认状态，分别为 Any State、Entry、Exit

    B．第一个创建的状态将变成橙色，代表默认状态

    C．Motion 属性需要填入一个 Animation Clip

    D．状态机有 5 种数据类型，分别为 Float、Int、Bool、Trigger 和 String

第 **6** 章
脚本语言开发基础

【知识目标】

- 了解 Unity 脚本的生命周期
- 了解 Unity 脚本与游戏对象和组件的交互方法
- 了解 Unity 中的常用类

【能力目标】

- 掌握基本的脚本编程方法
- 掌握游戏对象操作和相关类应用
- 掌握 Time 类应用

【任务引入】

　　脚本也是 Unity 3D 的一种组件。Unity 3D 目前支持 C# 和 JavaScript 进行脚本的开发，由于 C# 语言具有跨平台可扩展性，因此 Unity 3D 可以开发同一套脚本代码而运行在不同的平台上。在增强现实应用中，通常需要由脚本来处理用户输入并进行反馈，例如场景切换、模型对象的控制和交互等功能都是通过脚本对数据处理而实现的。脚本编程可以控制模型对象的生命周期循环，如创建、更新、销毁等，并实现在不同场景下的逻辑关系和行为，进而使增强现实 App 按照用户需求实现预期的交互效果。脚本开发是增强现实应用开发的核心部分之一。本章将初步介绍 Unity 3D 中的脚本开发基础。

6.1 认识脚本开发

脚本是一个游戏的灵魂，有了脚本程序，游戏才有可玩性。脚本的任务有处理输入、操作各个 GameObject、维护状态和管理逻辑等。在 Unity 3D 中，有两种编程语言，分别是 C# 和 JavaScript。据统计，C# 在 Unity 3D 开发的游戏中使用比例超过了 80%，因为 C# 面向对象的特性完整，有利于程序设计。网上许多第三方库使用 C# 开发，所以推荐使用 C# 编程。

如图 6-1 所示，打开工程文件，在 Assets 目录下新建一个名为 Scripts 的文件夹用于存放脚本。选中 Scripts 文件夹，单击鼠标右键，在弹出的快捷菜单中选择 Create → C# Script，随后可以看到脚本文件创建完毕。

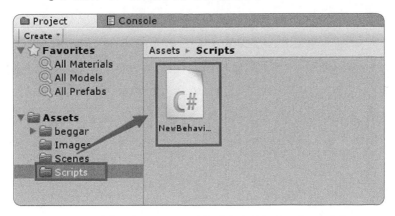

图 6-1 创建一个 Scripts 文件夹并在其中新建一个 C# 脚本

双击脚本，默认打开 Unity 的 MonoDevelop 编辑器。如果有其他 IDE，如 Visual Stdio，也可以选择用自己的编辑器打开。打开脚本以后可以看到脚本里面并不是空白的，里面有一些预先就有的代码。

```
1 using System.Collections;
2 using System.Collections.Generic;
3 using UnityEngine;
4
5 public class NewBehaviourScript : MonoBehaviour {
6
7     // Use this for initialization
8     void Start () {
9
10     }
11
12     // Update is called once per frame
13     void Update () {
14
15     }
16 }
17
```

有一个继承自 MonoBehaviour 类的 NewBehuaviourScript 类，这个类名和脚本的名字是一样的。如果脚本编辑完成以后又修改了脚本的文件名，Unity 3D 就会报错。因为文件名和类名必须保持一致，所以如果修改了脚本的文件名，就要同步修改类名。

在这个类中，有两个函数。第 1 个为 Start 函数。在 Start 函数中的内容将会在一开始就被执行，所以一些需要初始化的变量都可以写在 Start 函数中。第 2 个函数为 Update 函数。这个函数在游戏运行的每一帧都会调用，可以理解为这个函数无时无刻不在调用。根据这个特性，我们就可以在这个函数里写一些需要实时变化或实时监测的内容，如显示时间、检测键盘或鼠标是否有输入等。

6.2　Unity 脚本的生命周期

Start 和 Update 函数都是生命周期函数，脚本都有自己的生命周期，从初始化到毁灭。在 Unity 脚本中，有许多事件函数在脚本执行时以预定的顺序执行。脚本的生命周期分为多个阶段，在各个阶段中有各自的事件函数。

1．阶段一：编辑

Reset：当脚本第 1 次依附在 GameObject 上或使用了 Reset 命令时调用，用来初始化脚本的属性。

2．阶段二：第 1 场景加载

Awake：这个函数总是在任何 Start 函数之前调用，也是在 prefab 被实例化之后调用的。

OnEnable：对象启用后才调用此函数。

OnLevelWasLoaded：执行该功能以通知游戏已经加载了一个新的级别。

3．阶段三：在第 1 帧更新之前

Start：仅在脚本实例启用后才在第 1 帧更新前调用启动。

4．阶段四：帧之间

OnApplicationPause：在正常的帧更新之间检测到暂停的帧的末尾被调用。OnApplicationPause 调用后会产生一个额外的帧，允许游戏显示指示暂停状态的图形。

5．阶段五：更新

FixedUpdate：FixedUpdate 通常比 Update 更频繁地被调用。如果帧速率低，则帧可以被多次调用；如果帧速率高，则帧可能不被调用。计算和更新发生在 FixedUpdate 之后，在 FixedUpdate 中应用移动计算时，不需要将值乘以 Time.

deltaTime，这是因为定时器上调用了 FixedUpdate，与帧速率无关。

Update：每帧调用一次更新。它是帧更新的主要功能。

LateUpdate：Update 更新完成后，每帧调用 LateUpdate 一次。Update 中执行的任何计算都将在 LateUpdate 开始时完成。

6．阶段六：渲染

OnPreCull：在相机剔除场景之前调用，剔除哪些对象对于相机是可见的。OnPreCull 是在进行剔除之前调用的。

OnBecameVisible/OnBecameInvisible：当对象对于任何相机变为可见 / 不可见时调用。

OnWillRenderObject：如果对象可见，则为每个相机调用一次。

OnPreRender：在相机开始呈现场景之前调用。

OnRenderObject：在所有常规场景渲染完成后调用。

OnPostRender：在相机完成渲染场景后调用。

OnRenderImage：场景渲染完成后允许屏幕图像后期处理调用。

OnGUI：每帧调用多次以响应 GUI 事件。首先处理布局和重绘事件，然后处理每个输入事件的布局和键盘 / 鼠标事件。

OnDrawGizmos：用于在场景视图中绘制 Gizmos 以进行可视化。

7．阶段七：协同程序

yield：在下一帧调用所有更新功能后，协调程序继续。

yield WaitForSeconds：在指定的时间延迟之后，在为帧调用所有更新功能之后继续。

yield WaitForFixedUpdate：在所有脚本上调用了所有 FixedUpdate 之后继续。

yield WWW：在一个 WWW 下载完成后继续。

yield StartCoroutine：链接协同程序，并等待 MyFunc 协同程序首先完成。

8．阶段八：对象毁灭

OnDestroy：在对象存在的最后一帧的所有帧更新之后调用此函数。

9．阶段九：退出

OnApplicationQuit：在应用程序退出之前，所有游戏对象都调用此函数。在编辑器中，当用户停止播放模式时，它被调用。

OnDisable：当该行为被禁用或不活动时，调用此函数。

6.3 访问游戏对象和组件

6.3.1 挂载脚本

脚本需要挂载在 GameObject 上运行，例如在 Update 函数中添加以下代码。

```
// Update is called once per frame
void Update () {
    if (Input.GetMouseButtonDown(0))
        Debug.Log("Pressed left click.");
}
```

这两行代码用来检测鼠标左键是否按下，如果鼠标左键按下就会在控制台输出 "Pressed left click"。代码编辑完成以后按下 Ctrl+S 组合键保存代码，将窗口切换回 Unity 3D 编辑器，可以看到窗口右下角有一个"风火轮"在旋转。这个图标代表代码正在进行编译，需要等待代码编译完成才能开始播放模式。打开 Console（控制台）面板来调试代码。代码编译完成之后，如果控制台没有提示错误，就可以单击播放按钮开始调试。在 Game 视图中单击鼠标左键，控制台没有输出信息，是因为脚本并没有挂载在任何 GameObject 上。新建一个 Cube，并且把脚本拖动至 Cube 的 Inspector 上，如图 6-2 所示。

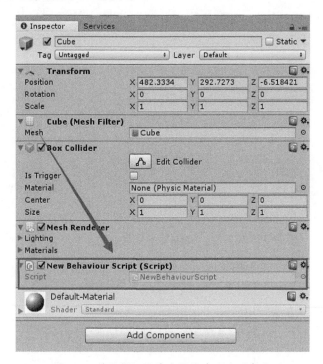

图 6-2 将编辑好的脚本挂载在一个对象上

再次进入播放模式，鼠标左键单击 Game 视图的任意位置，控制台就会输出信息，如图 6-3 所示。

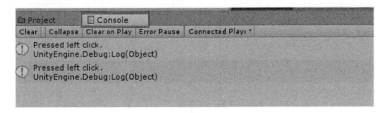

图 6-3　控制台的输出

单击 Console 视图中的 Clear 按钮可以清空控制台消息。

6.3.2　获取游戏对象

脚本的一个重要功能就是操作 GameObject，操作 GameObject 首先需要获取要操作的 GameObject。获取游戏对象的第 1 种方法是使用 gameObject 对象。GameObject 与 gameObject 不同，前者表示游戏对象类，后者表示当前脚本所挂载的游戏对象。例如，在一个 Cube 下挂载以下代码。

```
// Use this for initialization
void Start () {
    SphereCollider sc = gameObject.AddComponent<SphereCollider>() as SphereCollider;
}
```

以上代码执行以后，系统给 Cube 添加了一个球形碰撞器，如图 6-4 所示。

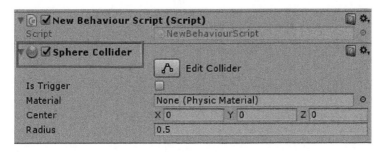

图 6-4　通过脚本添加一个球形碰撞器

如果想要获取其他对象而不是脚本挂载的对象，可以通过 GameObject.Find 方法来获取。

```
GameObject found;

// Use this for initialization
void Start () {
    found = GameObject.Find ("Main Camera");
    Debug.Log (found);
}
```

输出结果如图 6-5 所示。

```
Main Camera (UnityEngine.GameObject)
UnityEngine.Debug:Log(Object)
```

图 6-5　控制台输出

和这个方法类似的还有 GameObject.FindWithTag、GameObject.FindGameObject WithTag、GameObject.FindGameObjectsWithTag 等方法，这些方法都是根据 Tag 来寻找对象的。

与 gameObject 对象类似的还有 transform 对象，因为每个游戏对象都有自己的 transform 组件，所以找到唯一的 transform 也就代表找到了对应的 gameObject。transform 对 象 也 有 许 多 变 量 和 方 法， 如 transform.LocalPosition、transform. SetParent() 等。Transform 同样代表当前脚本所挂载的游戏对象上的 Transform 组件，transform 和 Transform 的关系与 gameObject 和 GameObject 相同。要查看对象 / 类所有的成员变量和方法，可以通过 Scripting Reference（脚本手册）查看，脚本手册位于 Help → Scripting Reference，如图 6-6 所示。打开脚本手册只要搜索关键字（如 Transform），就可以看到所有关于 Transform 的内容。

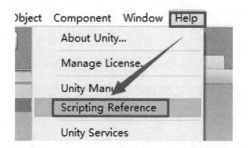

图 6-6　使用 Scripting Reference 获取编程帮助

6.3.3　获取任意对象

还有一种通过声明共有变量的方法来获取内容（不仅是游戏对象），例如下面的代码。

```
public GameObject obj;
public Transform [] trans;
public Renderer rend;
```

可以看到，在 Inspector 面板中有声明的变量，数组可以自定义长度，这里 Size 设置为 3，就可以放 3 个 Transform 类型的变量。在 Inspector 面板中拖入值，脚本中的变量就能访问对应的变量，如图 6-7 所示。

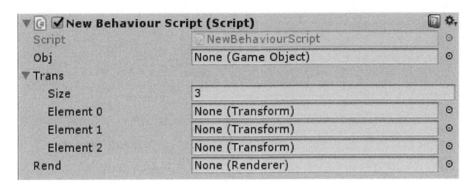

图 6-7　脚本中定义的 Public 变量可以在属性面板中编辑

6.4　Time 类简介

　　Time 类是获取 Unity 内时间信息的接口。通过脚本手册可以发现 Time 类中只有变量，没有方法，而且大部分的变量都是只读的。在很多插件和代码中经常可以看到 Time.DeltaTime 变量，这就是由 Time 类提供支持的变量，用于执行一些与帧数无关的操作。假设要实现一个功能，例如，让一个物体沿 x 轴做匀速直线运动，那么解决办法就是在 Update 函数中让物体的 x 坐标自动增加，这样每一帧物体都会移动。但是这样做有一个问题，就是由于设备的性能不同，同一款游戏在一个设备上能跑 60 帧，但是在性能较差的设备上只能跑 30 帧，这就导致在相同时间内两款设备上物体的移动距离不同。Time.DeltaTime 就是用来解决这个问题的。Time.DeltaTime 表示完成上一帧所需要的时间。这样，只要在变量（如速度）上乘以 Time.DeltaTime 就可以在不同帧率的设备上达到相同的效果。

　　Time.time 也是 Time 类中常用的变量，它代表从游戏开始到当前所经过的时间。通过这个变量，我们可以实现游戏中的倒计时效果，将计时方法写在 Update 函数内，但是并不会受到帧数的影响。当游戏暂停时这个变量并不会增加，如果需要计算包括暂停在内的游戏时间，就需要使用 Time.realtimeSinceStartup 变量了。

　　Time.timeSinceLevelLoad 表示从当前场景加载完成到目前为止的时间，这个操作同样会随着游戏暂停而增加。

　　Time.timeScale 表示时间缩放，这个值将影响 Time.time，其默认值为 1，若设置为 <1，表示时间减慢；若设置为 >1，表示时间加快，它可以用来加速和减速游戏。

　　Time 类有近 20 个变量，这里不做一一介绍，详细内容可以查看 Scripting Reference（脚本手册）。

6.5　本章小结

本章介绍了 Unity 3D 内编程的内容，C# 为其主流的编程语言，这是一个面向对象的编程语言，所以学习 C# 之前最好要有面向对象编程的基础。脚本中的对象都是继承 MonoBehaviour 类的，每个对象都有自己的生命周期，生命周期分为 9 个阶段。从初始化到最后的退出，每个阶段都有自己对应的生命周期函数。

脚本操作主要是对游戏对象的操作。获取游戏对象有很多种方法，可以通过类本身的 gameObject 对象获取，也可以通过多种 Find 方法获取。除了 GameObject 可以代表游戏对象，由于每个游戏对象中都有 Transform 组件，Transform 也可以代表游戏对象。Transform 类获取游戏对象的方法和 GameObject 对象类似，但 Transform 对象主要控制诸如位置、旋转、缩放等属性和 Hierarchy 层级视图中游戏对象的层级关系（父对象、子对象等）。除了类提供的方法，通过声明共有变量也可以获取所需要的内容（不仅是游戏对象）。只要在 Inspector 视图中把需要用到的游戏中的任何物体拖动到预先定义好的共有变量上，脚本就可以访问这些变量。GameObject 类和 Transform 类是 Unity 编程中至关重要的两个类，没有它们就无法操作场景内的游戏对象。

除了 GameObject 类和 Transform 类，Time 类也是 Unity 编程中核心的类，这个类保存了所有有关时间和游戏帧数的变量，通过合理使用这些变量，可以实现许多功能，例如游戏加速、减速和暂停，实现和帧数无关的游戏效果。

Unity 3D 编程的知识很多，要学会在脚本开发中利用官方的脚本手册。

本章知识结构如图 6-8 所示。

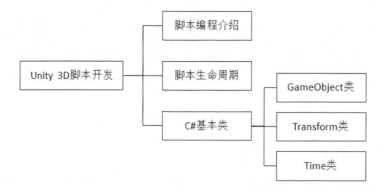

图 6-8　本章知识结构

6.6　练习

1. 下列关于 Unity 编程的说法中，错误的是（　　）。

   A．在 Unity 3D 中，有两种编程语言，分别是 C# 和 JavaScript

   B．公有类名和脚本的名字要保持一致

   C．Start 函数中的内容将会在一开始就被执行

   D．Update 函数在用户每次操作时调用

2. 下列关于 Unity 编程的说法中，错误的是（　　）。

   A．脚本需要挂载在 GameObject 上才能运行

   B．使用控制台是调试程序的一个好办法

   C．GameObject 与 gameObject 不同，前者表示当前脚本所挂载的游戏对象，后者表示游戏对象类

   D．GameObject.Find 方法用来获取其他对象

3. 下列关于 Time 类的说法中，错误的是（　　）。

   A．Time.DeltaTime 表示完成上一帧所消耗的时间

   B．Time.timeScale 表示时间缩放，可以用来加速和减速游戏。值大于 1 时，表示时间减慢

   C．Time.timeSinceLevelLoad 表示从当前场景加载完成到目前为止的时间

   D．Time.time 也是 Time 类中常用的变量，它代表从游戏开始到当前所经过的时间

第 7 章
创建一个简单的 AR 应用

【知识目标】

  ◦ 了解 AR 的基本概念
  ◦ 了解识别图的作用及注册方法
  ◦ 了解 Unity 工程

【能力目标】

  ◦ 学会识别图的注册方法
  ◦ 学会 Unity 工程的创建

【任务引入】

　　增强现实技术包含多媒体、三维建模、实时视频显示及控制、多传感器融合、实时跟踪及注册、场景融合等新技术与新手段。随着电子产品运算能力的不断提升，未来增强现实的用途会越来越广泛。高通公司开发的 Vuforia 平台和插件可以让开发者在 Unity 3D 这款软件上轻松开发 AR 应用程序。本章开始讲解基于 Vuforia 的基本 AR 工程创建。

7.1　Unity 工程的创建

要创建一个 AR 应用，首先要创建一个 Unity 工程。双击 Untiy 的图标，打开图 7-1 所示的窗口。

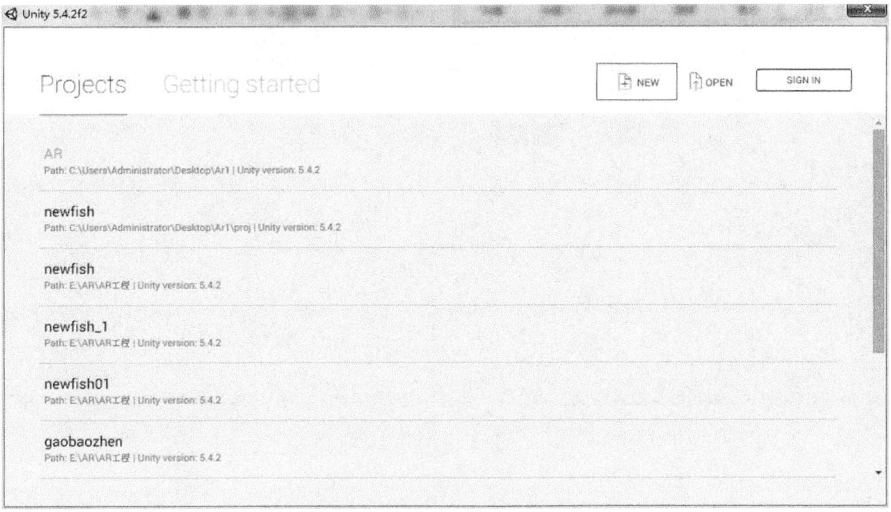

图 7-1　Unity 5.4.2f2 窗口

然后单击"NEW"，在新弹出的框（见图 7-2）中填写好工程的名字和保存位置，保存路径最好是英文路径，模式选择"3D"。然后单击"Create project"，创建工程。

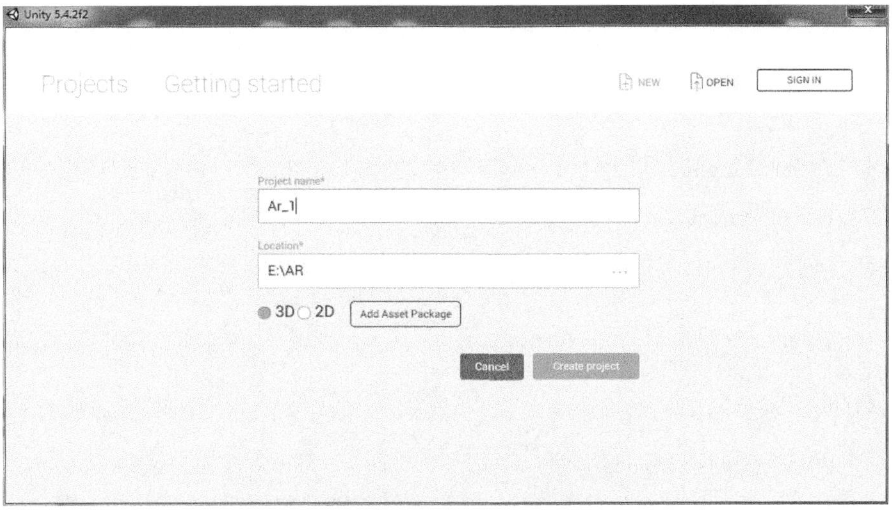

图 7-2　设置工程的名字、保存位置和模式

创建好的 Untiy 工程界面如图 7-3 所示。

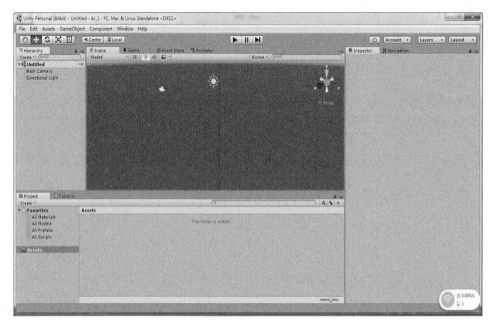

图 7-3　工程界面

7.2　添加识别图与模型素材

7.2.1　注册识别图

既然我们做的是 AR 应用，就需要一张用于识别的图片，这里我们使用高通公司的 Vuforia 来制作识别图片。

登录 Vuforia 官网，如果没有账号，可以在官网注册一个。登录成功后单击"Develop"，进入 Develop 标签页，然后在 License Manager 页面下单击 "Get Development Key"，创建许可证。创建过程中需要输入应用名称。

将图 7-4 中最下面一段字前面的勾打上，然后单击 "Confirm"，页面会回到 License Manager 页面，如图 7-5 所示，在该页面可以看到刚刚创建的许可证，至此许可证创建完毕。

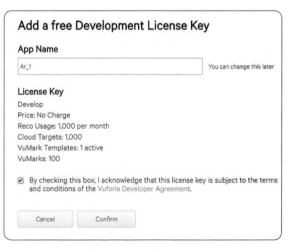

图 7-4　创建许可证

图 7-5　创建好的许可证

单击刚刚创建的许可证，进入许可证的页面可以看到，在许可证的页面有一长串的看着像乱码的字母（见图 7-6），这是 License Key，请注意保存以备后用。

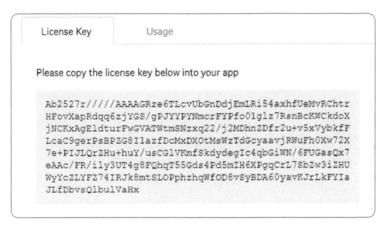

图 7-6　License Key

回到 License Manager 页面，单击 License Manager 旁边的 Target Manager 标签进入页面，如图 7-7 所示。然后在新出现的页面单击"Add Database"，在出现的框中随意填入名字，Type 选择 Device，如图 7-8 所示。添加完成后可以看到刚刚添加的 Database。单击刚刚添加的 Database，进入新的页面后，单击"Add Target"添加想要用于识别的图片，如图 7-9 所示。图片最好选择色差大的或者棱角分明的，这样有利于提高识别的成功率。在新开的页面填写相应信息后，单击"Add"完成注册。

图 7-7　单击 Target Manager

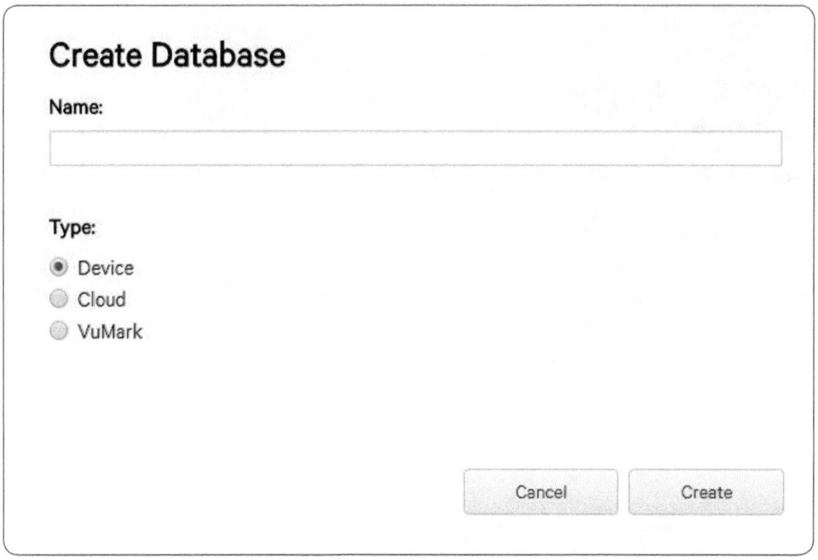

Create Database

Name:

Type:
- ● Device
- ○ Cloud
- ○ VuMark

Cancel Create

图 7-8 选择 Device

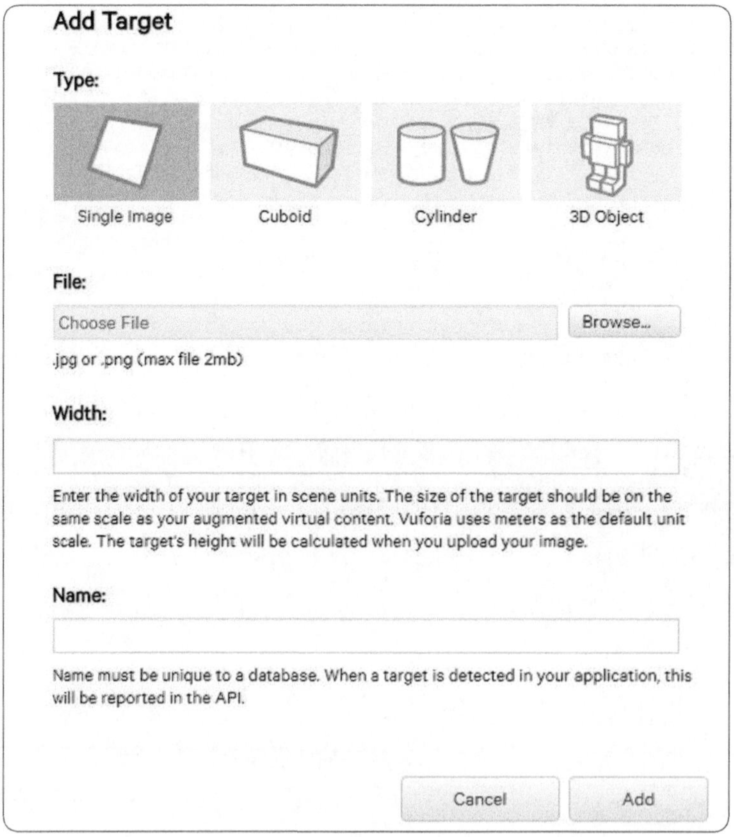

Add Target

Type:

Single Image   Cuboid   Cylinder   3D Object

File:

Choose File   Browse...

.jpg or .png (max file 2mb)

Width:

Enter the width of your target in scene units. The size of the target should be on the same scale as your augmented virtual content. Vuforia uses meters as the default unit scale. The target's height will be calculated when you upload your image.

Name:

Name must be unique to a database. When a target is detected in your application, this will be reported in the API.

Cancel   Add

图 7-9 注册识别图

　　注册完成后会回到 Target Manager 页面，可以看到刚刚添加的图片，图片后面的星数代表识别的难易程度，星数越高，图片越容易识别，一般三星或以上就可以了。然后选择刚刚添加的图片，单击左上角的"Download Database"，平台选择 Unity，下载注册好的图片。

7.2.2　导入模型和识别图

　　识别图下载好后是一个 Unity 包，我们现在要把它导入到工程中。打开之前创建好的工程，然后双击下载好的识别图包，在打开的对话框中单击"Import"导入图片，如图 7-10 所示。

图 7-10　导入识别图

　　图片导入成功后，接下来导入模型。首先，在 Assets 目录下新建一个文件夹用于存放模型，右键单击"Assets"，在弹出的快捷菜单中选择 Create → Folder，创建一个文件夹。模型的导入有两种方法，一种方法是直接将模型拖入刚刚创建的文件夹中，这种方法可以同时导入多个模型；另一种方法是右键单击文件夹，在弹出的快捷菜单中选择 Import New Asset 来导入模型，这种方法一次只能导入一个模型。这两种方法也适用于其他资源导入。

　　导入模型的时候需要注意，要先将模型的贴图导入，再将模型导入，否则，会在模型导入时，因找不到贴图而使模型没有贴图。导入成功的效果如图 7-11 所示。

图 7-11　导入模型

7.3　在场景中放置模型和图片

7.3.1　放置 ARCamera

贴图和模型都已经导入成功了，现在需要把它们放在场景中，并把它们联系起来，这样图片识别成功后就会出现模型。

在放置模型和图片之前，我们还需要下载一个 Vuforia SDK，前面的章节已经讲过 Vuforia SDK，这里不再赘述。下载好 SDK 后像导入识别图一样导入工程即可。

Vuforia SDK 导入成功后，接下来就正式向场景中添加模型和图片了。首先，将 Hierarchy 面板中的 Main Camera 删除，然后在左下角的 All Prefabs 中找到 ARCamera 预制体，并将它拖入场景中，如图 7-12 所示。

图 7-12　选择 ARCamera

然后将之前创建的 Vuforia 网页上的 License Key 信息复制到 ARCamera 下的 Vuforia Behaviour 脚本的 App License Key 字段，如图 7-13 所示。

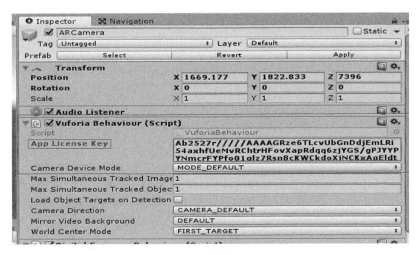

图 7-13　复制 License Key

7.3.2　放置 Image Target

复制完成后，将 Prefabs 文件夹下的 Image Target 预制体拖入场景中，然后单击 Image Target 下的 Image Target Behaviour 脚本的 Type 下拉列表，将类型选为 Predefined，然后分别在 Database 和 Image Target 下拉列表中选择之前创建的 Database 和识别图片，具体设置如图 7-14 所示。

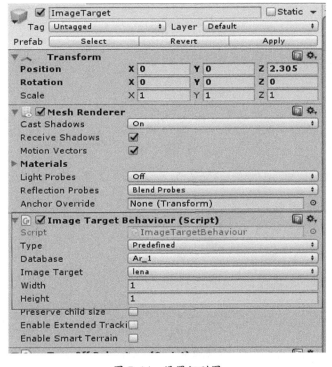

图 7-14　设置识别图

此时，场景中的 Image Target 如图 7-15 所示。

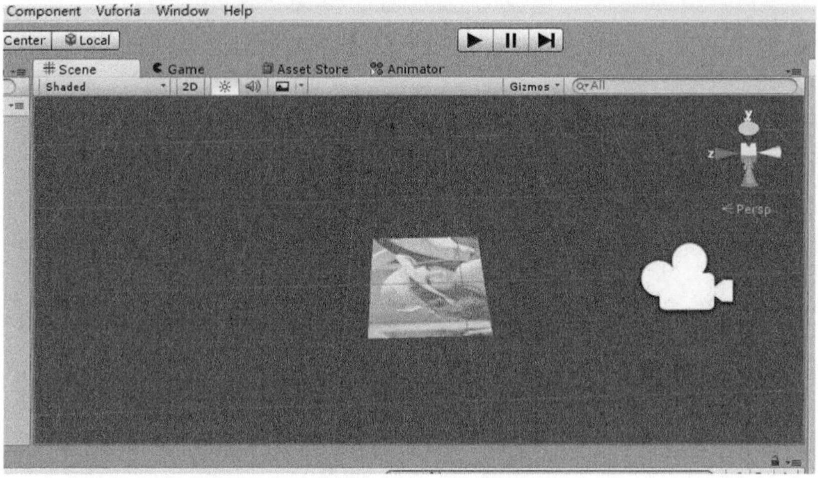

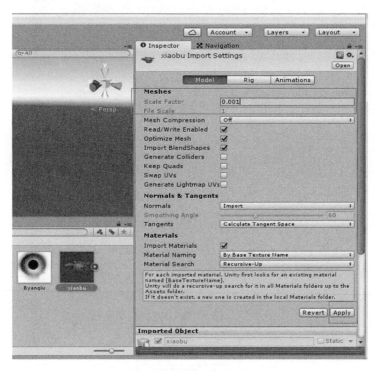

图 7-15　识别图设置完成

7.3.3　放置模型

接下来将导入的模型拖入场景中，并将其设置为 Image Target 的子对象。若导入的模型太大，可以修改模型 Model 面板中的 Scale Factor 来调整模型大小，调整完成后单击"Apply"，如图 7-16 所示。

图 7-16　设置模型大小

若要调整模型的角度和位置，可以通过调整 Inspector 面板中的 Transform 数值实现，通过 Transform 也可以调整模型大小，Transform 面板如图 7-17 所示。

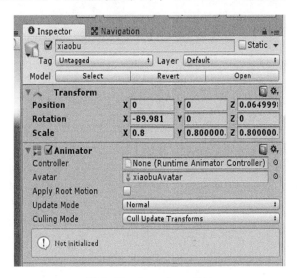

图 7-17 Transform 面板

调整完成后的场景如图 7-18 所示。

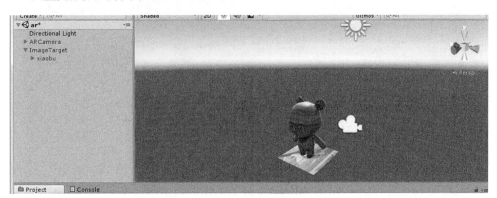

图 7-18 模型调整完成

7.4 测试 AR 效果

模型和图片都已经添加到场景中了，接下来我们就需要测试一下能否在识别出图片后出现模型。

在测试之前，还有最后一个步骤需要完成。选中 ARCamera，在右侧 Inspector 面板中找到名为 Database Load Behaviour 的脚本，勾选脚本下的 Load Ar_1 Database 和 Activate，如图 7-19 所示。

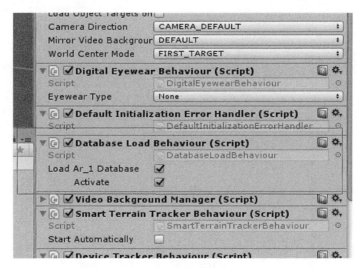

图 7-19　勾选

然后单击工程中的播放按钮，进行测试，最终效果如图 7-20 所示。

图 7-20　测试效果

7.5　本章小结

本章讲解了如何使用 Unity 3D 和 Vuforia 来创建一个简单的 AR 应用，这只是实现了图片被识别后出现我们放置好的模型，是最简单的部分。在后续章节中我们还会陆续添加音频、动画、交互等元素，使它成为一个真正的应用。

本章知识结构如图 7-21 所示。

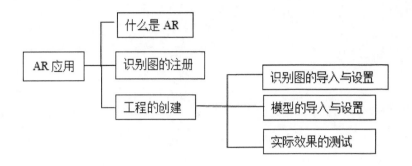

图 7-21　本章知识结构

7.6　练习

1. 创建一个 Unity 工程。

2. 在 Vuforia 官网注册一张识别图。

3. 向工程中导入识别图和模型，并测试 AR 效果。

第8章
让模型动起来

【知识目标】

- 动画的概念
- 状态机的概念与作用
- 脚本的作用

【能力目标】

- 学会对已有动画进行编辑
- 能够创建动画状态机并进行相应设置
- 学会脚本的编写与绑定

【任务引入】

在一个应用中，动画是必不可少的元素之一，几乎所有的应用都或多或少包含动画这一元素。那么什么是动画？动画的英文有很多表述，其中比较正式的是"Animation"一词，它源于拉丁文，字根是 Anima，意思为"灵魂"，而其动词 Animate 是"赋予生命"的意思，引申为使某物活起来。所以，动画可以定义为使用绘画的手法，创造生命运动的艺术。动画技术的较规范的定义是采用逐帧拍摄对象并连续播放而形成运动的影像技术。不论拍摄对象是什么，只要它的拍摄方式采用逐帧方式，观看时连续播放形成了活动影像，就形成了所谓的动画。

8.1　Unity 3D 动画系统简介

Unity 中的动画采用逐帧连续播放的方式，同时通过 Avatar（骨架绑定）将动画和模型绑定在一起。有的模型在导入的时候自带动画和 Avatar，因此不需要对模型进行骨架绑定；而有的模型在导入时没有动画或者 Avatar，这时就需要我们自己制作动画或者对模型进行骨架绑定。那么，模型是否自带动画和 Avatar 呢？打开存放模型的文件夹，找到导入的模型，可以看到模型上有一个小三角形，如图 8-1 所示。

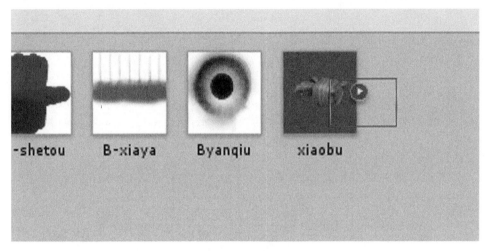

图 8-1　查看模型

单击小三角形，可以展开很多素材，如图 8-2 所示。这些都是模型里所包含的各个部件，如眼睛、手臂、腿等，而与模型配套的动画和 Avatar 也包含在里面。

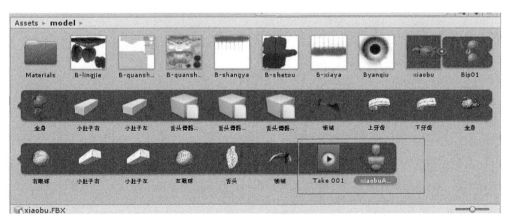

图 8-2　模型自带动画和 Avatar

如果我们的模型需要播放动画，就需要给模型添加一个 Animator 组件，该组件就是我们控制动画的接口。添加 Animator 组件的方法是单击"Component"，选择 Miscellaneous → Animator，如图 8-3 所示。

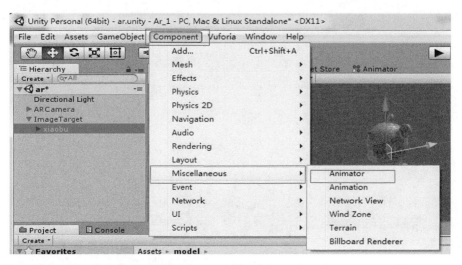

图 8-3　添加 Animator 组件

添加完成后就可以在模型的 Inspector 面板看到刚刚添加的 Animator 组件了，如图 8-4 所示。

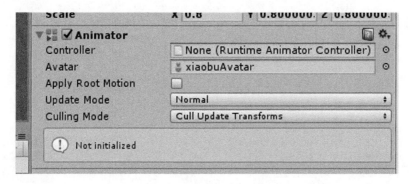

图 8-4　Animator 组件

其中，各个属性的功能如下。

（1）Controller：使用 Animator Controller 文件。

（2）Avatar：使用骨架文件。

（3）Apply Root Motion：表示绑定该组件的 GameObject 的位置是否可以由动画进行改变（如果存在改变位移的动画）。

（4）Update Mode：更新模式。有 3 种更新模式，其中，Normal 表示使用 Update 进行更新，Animate Physics 表示使用 FixUpdate 进行更新（一般用在和物体有交互的情况下），Unscale Time 表示无视 timeScale 进行更新（一般用在 UI 动画中）。

（5）Culling Mode：剔除模式。有 3 种剔除模式，其中，Always Animate 表示即使摄像机看不见也要进行动画播放的更新，Cull Update Transform 表示摄像机看不见时停止动画播放但是位置会继续更新，Cull Completely 表示摄像机看不见时停止动画的所有更新。

8.2 动画剪切

8.2.1 动画编辑模式

参照第 5.3 节讲到的动画剪切的方法，选中要进行剪切的动画，单击右侧 Inspector 面板中的 Edit，进入动画编辑界面，如图 8-5 所示。图 8-6 所示为动画编辑面板。

图 8-5 进入编辑界面

从图 8-6 中可以看到，素材动画总长度为 100 帧。但是，如果事先不知道各个动作具体在哪一帧开始和哪一帧结束，则仍旧不能进行剪切，此时可以在左下角的窗口中预览一遍动画，将各个动作开始和结束的帧号都记下来，这样才能进行剪切，预览窗口如图 8-7 所示。

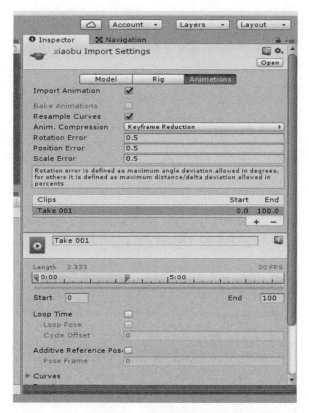

图 8-6　动画编辑面板

图 8-7　动画预览

8.2.2　对动画进行剪切

改好每个动作的帧号后，接下来就可以进行剪切了。单击面板中的"+"，系统会在动画列表中新添加一栏，如图 8-8 所示。

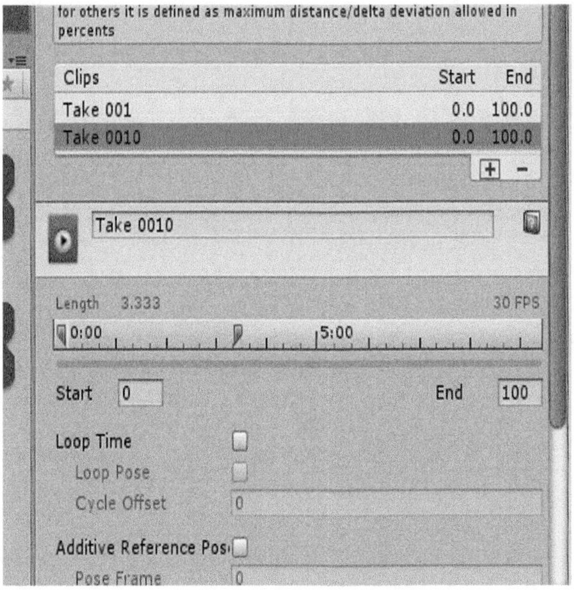

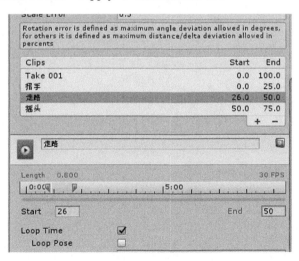

图 8-8　动画剪切

　　然后，将下面动画的默认名字"Take 0010"修改为对应动作的名字，以便以后对这些动画加以区别和使用，如图 8-9 所示。参照第 5.3 节，在"Start"和"End"中分别输入动作开始和结束的帧数，或者直接拖动上面开始和结束的标志到对应位置。如果相应动作的动画需要连续重复播放（如行走），就需要勾选"Loop Time"。动画剪切好后单击右下角的"Apply"，完成动画剪切。

图 8-9　修改名字

8.3 使用动画状态机

8.3.1 创建状态机

在文件夹空白的地方右键单击 Create，选择 Animator Controller，创建动画状态机，创建方法可参照第 5.2.2 节，创建好的状态机如图 8-10 所示。

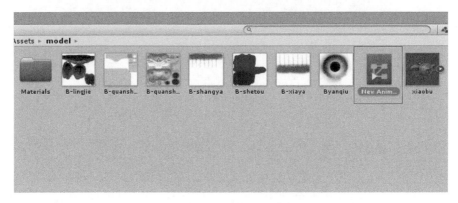

图 8-10 创建好的状态机

选中刚刚创建的 Animator Controller，然后单击场景上方的"Animator"，进入动画状态机的界面，如图 8-11 所示。

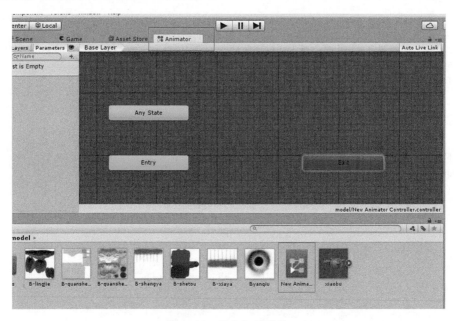

图 8-11 状态机的界面

8.3.2　创建动画状态

可以看到界面中只存在 3 个状态，分别是"Entry""Exit"和"Any State"，这 3 个状态是创建时就导入的，并且只能对它们进行连线操作。连线会在本节后面部分详细讲解。

接下来，我们要创建一个新的状态，在这个状态中加入剪切好的动画，并做一些设置。右键单击状态机界面中空白的地方，在弹出的快捷菜单中选择 Create State → Empty，如图 8-12 所示。

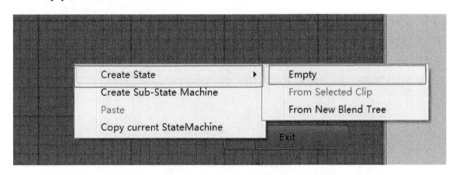

图 8-12　创建新状态

这个第一个创建的空状态会自动和 Entry 状态相连，Entry 是动画状态机的入口，所以与 Entry 相连的状态中添加的动画是所有动画中最先播放的，当然与其相连的状态的动画可以为空。

选中刚刚添加的空状态，在右边的 Inspector 面板中可以看到一些状态属性，如图 8-13 所示。

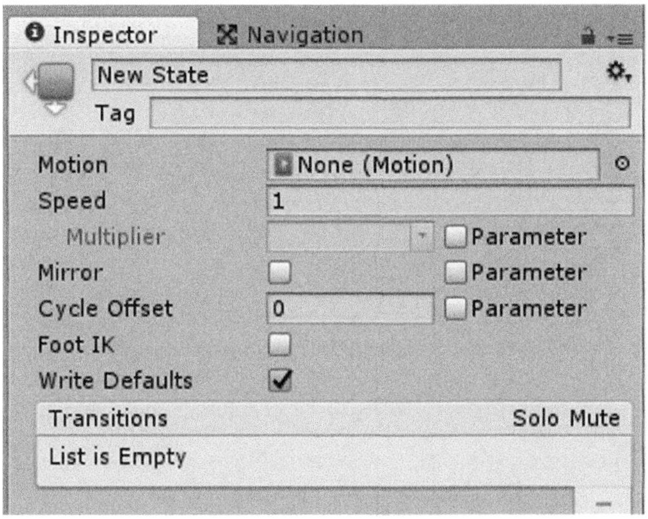

图 8-13　空状态属性面板

8.3.3　向状态中加入动画

用同样的方法创建多个空状态后，选择其中一个空状态，修改其状态名为"走路"，在"Motion"一栏单击后面的小圆圈，选择之前剪切好的走路动画，如图 8-14 所示。

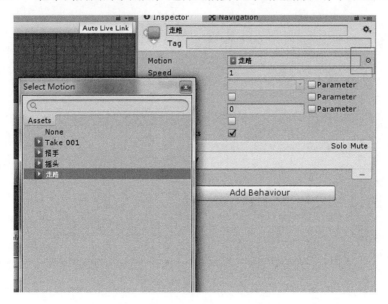

图 8-14　添加动画

选好之后可以看到 Motion 一栏里已经加入了走路动画，如果需要改变动画的播放速度，可以根据需要修改 Speed 一栏里的数字。

按照相同方法为其他状态添加好动画后，接下来，要将这些添加好动画的状态连接起来。右键单击其中一个状态，在弹出的快捷菜单中选择 Make Transition，如图 8-15 所示。

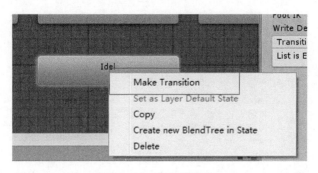

图 8-15　状态的连接

选择 Make Transition 后会出现一根带箭头的线，一端连着刚刚右键单击的状态，一端连着鼠标。单击想要播放的下一个动画所在的状态，这样就将两个状态连接起来了。连接两个状态的线的箭头表示其中一个状态在满足条件的情况下，可以通过动画过渡到另一个状态，反之却不行。若要使两个状态可以互相过渡，只需要再添加一根反向的线即可，连接如图 8-16 所示。

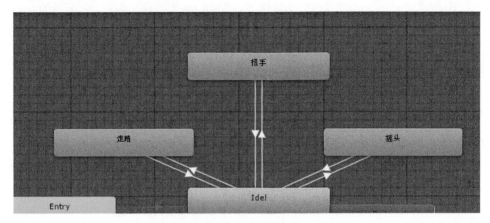

图 8-16　连接好的状态

将所有的状态都连接好后，需要对各个状态的过渡添加条件。单击右侧 Parameters 面板中的 "+" 添加变量，选择变量类型为 Int，如图 8-17 所示。

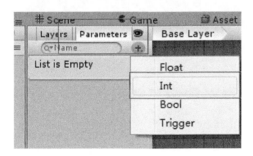

图 8-17　添加过渡条件

添加完成后的结果如图 8-18 所示。

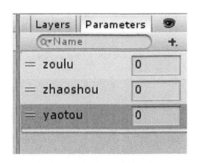

图 8-18　添加完成后的结果

添加变量后需要将添加的变量与对应的两个状态之间的线绑定，选中从默认状态 "Idle" 到 "走路" 的线，单击右侧 Inspector 面板中的 "+"，选择变量 zoulu，条件选择"Equals",输入变量值为 1。表示当变量"zoulu"的值等于 1 时,从状态"Idle"转到状态"走路",同时播放行走的动画。Inspector 面板中还有一个"Has Exit Time"选项,如果我们勾选了该项,在动画转换时则会等待当前动画播放完毕后才会转换到下一个动画,如果当前动画是循环动画,则会等待本次播放完毕时转换,所以对需要立即转换动画的情况,需取消勾选。但是,如果需要当前的动画播放完毕后自动转换到箭头所指的下一个状态(没有其他跳转条件),就必须勾选该选项,否则动画播放完毕后就会卡在最后一帧,如果是循环动画,就会一直循环播放。这里,我们勾选它,如图 8-19 所示。

用同样的方法为其他的状态切换添加条件,注意,同一时刻最好只有一条切换条件满足,否则很可能会使动画播放混乱。

图 8-19 勾选 Has Exit Time

8.4 对动画添加触发事件

对动画添加触发事件是让动画播放到某一帧时出现我们想要它出现的事件。例如,播放到某一帧时出现一个特效或者出现声音等。

选中某一个要添加事件的动画,单击右侧 Inspector 面板中的"Edit"进入动画编辑界面。单击界面中的"Event",会将"Event"展开,如图 8-20 所示。

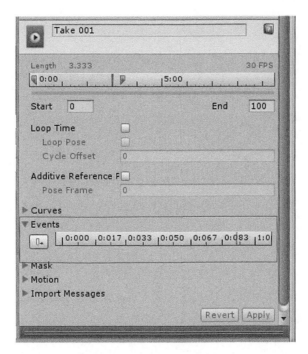

图 8-20　添加触发事件

单击进度条左侧的按钮，出现 Edit Animation Event 对话框，如图 8-21 所示。

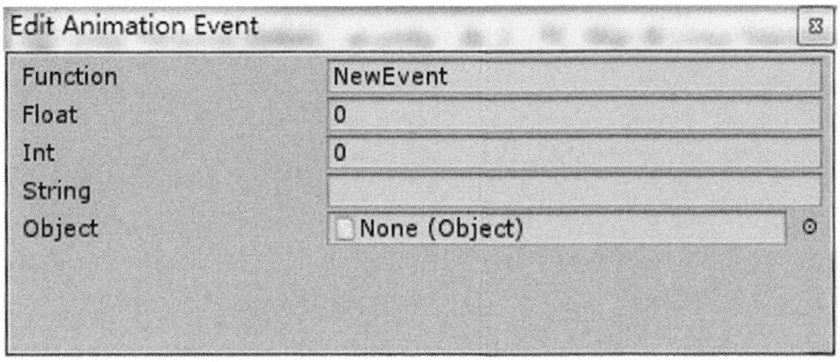

图 8-21　Edit Animation Event 对话框

在 Function 一栏中输入在动画播放到该处时要执行的方法名，Float、Int、String 和 Obejct 是方法的入参类型，可以在后面的框中输入要传入的值。需要注意的是，输入的方法必须在脚本中存在，且方法的入参不能超过一个，否则在运行时会报错。

添加好触发事件后，系统会在进度条中出现一个触发标志，如图 8-22 所示。可以拖动该标志到你需要的位置，如果不知道要在什么地方添加，可以播放一遍要添加事件的动画。动画在播放过程中会有一条红色的线在进度条上跑，可以根据这个红线来确定合适的触发位置。确定好触发位置后，单击 "Apply"。

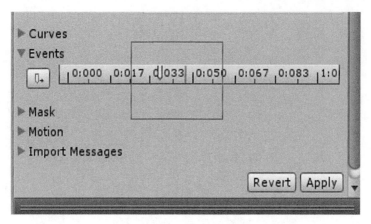

图 8-22　出现触发标志

将 Animator Controller 里所有该做的都做好后，选中需要播放动画的模型，在右侧 Inspector 面板的 Animator 组件中的 Controller 一栏里选择 New Animator Controller，如图 8-23 所示。

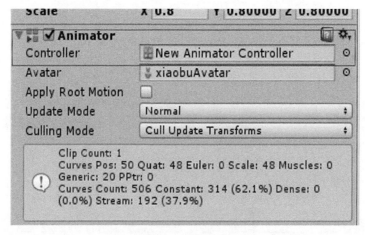

图 8-23　选择状态机

8.5　用脚本和按钮控制动画的播放

8.5.1　创建按钮

关于动画我们已经基本做完，接下来就设置用按钮和脚本来控制动画的播放。首先，添加几个按钮，这里我们使用的是 Unity 自带的 UGUI。

在左侧 Hierarchy 面板的空白处单击鼠标右键，在弹出的快捷菜单中选择 UI → Button 创建一个按钮，如图 8-24 所示。

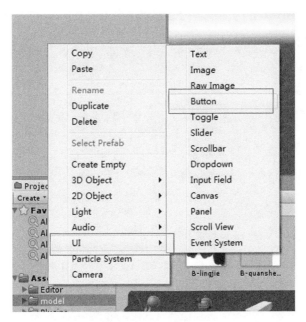

图 8-24　创建按钮

创建按钮后，可以看到场景中会出现一个白色的边框，如图 8-25 所示。这个边框就是实际在运行过程中的边界。

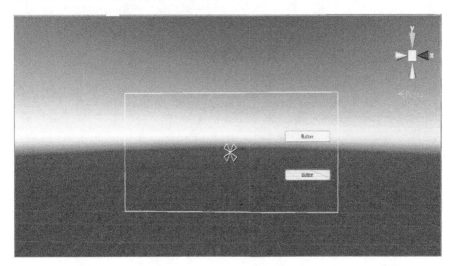

图 8-25　按钮创建完成

创建好的按钮的名字默认为"Button"，单击要修改名字的按钮前面的小三角形，再单击展开的列表下的"Text"，然后在右边 Inspector 面板中的 Text 输入框中输入名字（见图 8-26），修改按钮名。

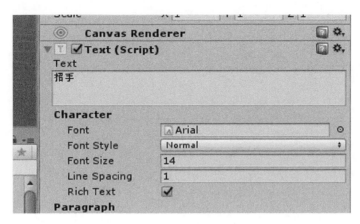

图 8-26　输入按钮名字

修改好按钮的名字并且将它摆放到合适位置后，单击场景上方的 Game，预览按钮运行效果，如图 8-27 所示。

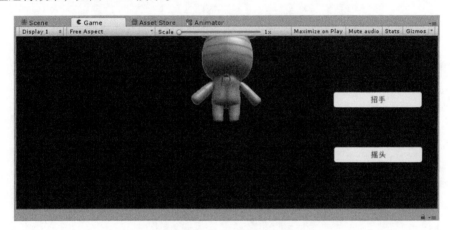

图 8-27　按钮运行效果

图中所示的按钮是白色的，这是因为没有给按钮添加图片。可以在按钮的 Image 中的 Source Image 一栏里为按钮选择合适的图片，使按钮看起来更好看，如图 8-28 所示。

图 8-28　更改按钮图片

8.5.2　控制脚本的创建与编写

按钮创建完成后，编写和添加脚本。先创建一个文件夹，将它命名为"Script"，脚本文件都放在这个文件夹里，以便于脚本的管理。在文件夹的空白处单击鼠标右键，在弹出的快捷菜单中选择 Create → C# Script，如图 8-29 所示。

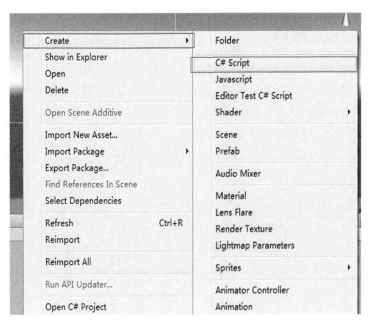

图 8-29　创建脚本

选择之后会创建一个 C# 文件，重新命名后双击 C# 文件打开 MonoDevelop 编辑器，然后在编辑器里进行脚本的编写。

脚本 wave.cs 的内容如下。

```
using UnityEngine;
using System.Collections;
using UnityEngine.UI;
public class wave : MonoBehaviour {
  public bool flag; // 变量设为公有，可以让其他脚本调用
  // Use this for initialization
  void Start () {
    flag = false;
  }
  // Update is called once per frame
  void Update () {
  }

  public void Click() // 按钮被按时执行
  {
    flag = true;
```

```
    }
  }
```

脚本 shakehead.cs 的内容如下。

```
using UnityEngine;
using System.Collections;
using UnityEngine.UI;
public class shakehead : MonoBehaviour {
  public bool flag;// 变量设为公有，可以让其他脚本调用
  // Use this for initialization
  void Start () {
    flag = false;
  }


  // Update is called once per frame
  void Update () {


  }
  public void Click()  // 按钮被按时执行
  {
    flag = true;
  }
}
```

脚本 animation.cs 的内容如下。

```
Animator ani;
public wave zhaoflag;// 创建一个其他脚本的对象，以引用其他脚本里的公有变量
public shakehead yaoflag;
bool zhaoendflag=false;// 招手动画结束标志
bool yaoendflag=false;
// Use this for initialization
void Start () {
  ani = GetComponent<Animator> ();// 获取 Animator 组件
}


//Update is called once per frame
void Update () {
  if(zhaoflag.flag==true)
  {
      ani.SetInteger ("zhaoshou", 2);// 第一个参数为状态机中添加的变量，第二个参
数为给变量设置的值
      zhaoflag.flag=false;// 按钮只触发一次


  }
```

```
if (zhaoendflag) {      // 招手动画结束
   ani.SetInteger ("zhaoshou", 0);// 防止动画循环播放
   zhaoendflag = false;
}
if (yaoflag.flag == true) {
   ani.SetInteger ("yaotou", 3);
   yaoflag.flag = false;
}
if (yaoendflag) {
   ani.SetInteger ("yaotou",0);
   yaoendflag = false;
}
}
void  zhaoend()    // 招手动画添加的事件，用于判断动画结束
{
   zhaoendflag = true;
}
void yaoend()      // 摇头动画添加的事件，用于判断动画结束
{
   yaoendflag = true;
}
}
```

8.5.3　脚本和事件的添加

代码编写完成后记得保存，如果在保存之后对代码有修改也要保存，否则修改后的代码不会更新。

将 wave.cs 脚本拖到"招手"按钮上，将 shakehead.cs 拖到"摇头"按钮上，将 animation.cs 拖到模型上。选择"招手"按钮，单击右侧 Inspector 面板中 On Click 一栏的"+"给按钮添加事件。在新添加的一列中，按钮选择"wave"，触发的事件选择 wave 中的"Click()"，如图 8-30 所示。

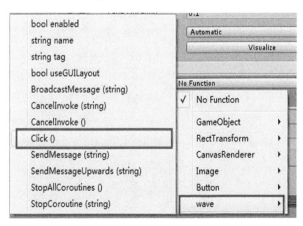

图 8-30　添加事件

这样，当单击"招手"按钮时就会调用 Click 方法。用同样的方法为"摇头"按钮添加事件，添加完成后如图 8-31 所示。

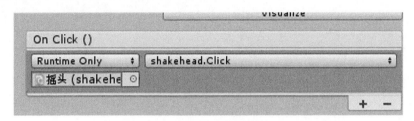

图 8-31　事件添加完成

因为在 animation.cs 中创建了两个其他脚本对象，而且该对象是公有类型的，脚本中我们没有为其赋值，所以现在需要手动赋值。选择添加了 animation.cs 的模型，可以在右边的 Inspector 面板中看到 animation 脚本中有两个已经创建的变量"zhaoflag"和"yaoflag"。单击右侧的小圆圈，为"zhaoflag"选择"招手（wave）"，为"yaoflag"选择"摇头（shakehead）"，选择结果如图 8-32 所示。

图 8-32　为变量赋值

测试动画播放的实际效果。

8.6　本章小结

本章主要介绍了动画状态机的创建和使用，还有如何使用按钮和脚本来控制动画的播放。除此之外，本章对动画的剪切和事件的添加也做了简单的介绍，Unity 的动画系统还有许多强大的功能，这些功能需要读者自己去发现和使用，本章的知识结构如图 8-33 所示。

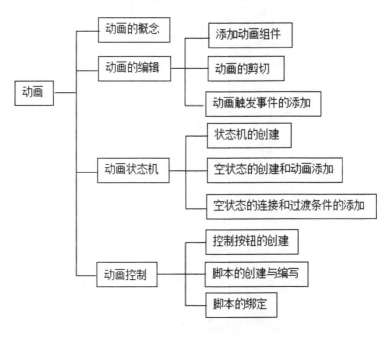

图 8-33　本章知识结构

8.7　练习

1. 对一个已有的动画进行编辑，包括剪切、添加触发事件等。
2. 创建一个状态机，并在状态机里创建空状态，为其添加动画和进行相应设置。
3. 创建一个用于动画控制的脚本，并测试其效果。

第 9 章
声音的添加

【知识目标】

◦ 声音组件（Audio Source 和 Audio Listener）
◦ 声音控制脚本

【能力目标】

◦ 了解两个声音组件的区别和作用
◦ 学会添加声音组件
◦ 能够创建和编写声音控制脚本

【任务引入】

　　声音是一个应用必不可少的组成部分之一，可以在很大程度上影响一个人的体验。没有声音而空有画面，会让人觉得枯燥，从而使用户的体验感变差。加入声音可以让我们的 AR 应用更加逼真，使用户产生一种身临其境的感觉。

9.1　Audio Source 组件与 Audio Listener 组件

Audio Source 是音频源组件，其作用是播放音频剪辑（AudioClip）资源，可以将音频源组件当成一个"音响"。

Audio Source 组件的属性面板如图 9-1 所示，以下是面板中几个常用属性。

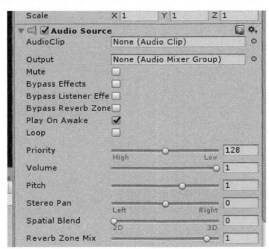

图 9-1　Audio Source 组件的属性面板

（1）AudioClip：指定该音频源播放哪个音频文件。

（2）Mute：静音。勾选后为静音，但是音频仍处于播放状态。

（3）Play On Awake：勾选后在场景启动时就开始播放。

（4）Loop：勾选后音频会循环播放。

（5）Volume：音量。值为 0 时声音最小，值为 1 时声音最大。

（6）Pitch：速度。改变 Pitch 的值可以加速或减速音频的播放，1 为正常播放速度。

（7）Spatial Blend：空间混合。设置声音是 2D 声音或 3D 声音。值为 0 时，是 2D 声音；值为 1 时，是 3D 声音。它模拟真实环境，如果物体与声音源的距离无关，则是 2D 声音；如果物体与声音源的距离有关，则是 3D 声音。

Audio Listener 是音频侦听器组件。这个组件类似于人的耳朵，接收场景中任何音频源发出的声音，并通过计算机的扬声器播放出来。这个组件一般被添加到主相机 Main Camera 上，并且一个场景中只能有一个 Audio Listener 组件，否则会报错。

9.2　添加背景音乐与模型声音

9.2.1　添加声音组件

有了 Audio Source 和 Audio Listener 组件后我们可以为场景添加背景音乐，并且为模型添加声音。

背景音乐一般要放在一个可以长期存在的物体上，这里我们选择放在 ARCamera 上。单击"Component"，选择 Audio → Audio Source，如图 9-2 所示。

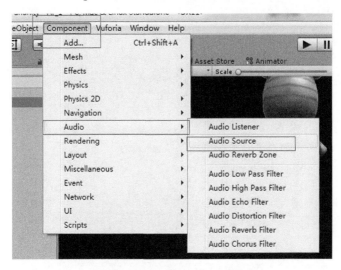

图 9-2　添加 Audio Source 组件

用同样的方法为模型也添加一个 Audio Source 组件。

添加完成后为 ARCamera 添加一个 Audio Listener 组件。有的 Camera 在创建时就已经添加了 Audio Listener 组件，若没有添加，则需要我们自己添加。选择 ARCamera，单击"Component"，选择 Audio → Audio Listener，如图 9-3 所示。

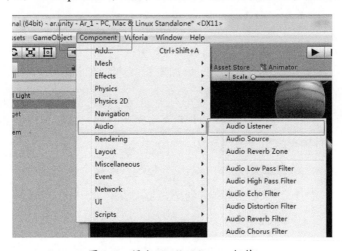

图 9-3　添加 Audio Listener 组件

9.2.2　添加音频文件

添加组件后，要为组件添加音频文件。创建一个文件夹，并将其命名为

"Audio",将音频文件导入该文件夹中。选择 ARCamera,在右侧 Inspector 面板中找到 Audio Source 组件,单击组件下的 AudioClip 一栏后面的小圆圈,选择名字为"背景音乐"的音频文件。因为背景音乐需要场景一开始就播放,并且是循环播放,所以勾选 Play On Awake 和 Loop,如图 9-4 所示。

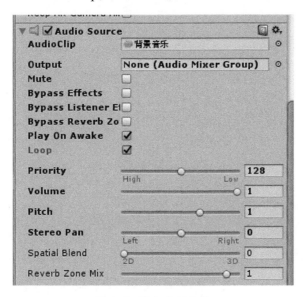

图 9-4 添加音频文件

9.3 用脚本和按钮来控制声音的播放

9.3.1 声音控制脚本的创建与编写

创建两个名为"摇头声音"和"招手声音"的按钮,摆放好位置后,编写控制声音播放的脚本。

脚本 yaoAudio.cs 的内容如下。

```
using UnityEngine;
using System.Collections;

public class yaoAudio : MonoBehaviour {
  public bool flag; // 变量设为公有,可以让其他脚本调用
  // Use this for initialization
  void Start () {
    flag = false;
  }
  // Update is called once per frame
  void Update () {

  }
```

```
    public void AudioClick() // 按钮被按时执行
    {
      flag = true;
    }
  }
```

脚本 zhaoAudio.cs 的内容如下。

```
using UnityEngine;
using System.Collections;

public class zhaoAudio : MonoBehaviour {
  public bool flag; // 变量设为公有，可以让其他脚本调用
  // Use this for initialization
  void Start () {
    flag = false;
  }
  // Update is called once per frame
  void Update () {

  }
  public void AudioClick() // 按钮被按时执行
  {
    flag = true;
  }
}
```

脚本 audio.cs 的内容如下。

```
using UnityEngine;
using System.Collections;

public class audio : MonoBehaviour {
  public AudioClip[] audioClip;// 用于存放多个音频文件的数组
  AudioSource audioSource;// 定义 AudioSource 变量
  public yaoAudio yaoaudio;
  public zhaoAudio zhaoaudio;
  // Use this for initialization
  void Start () {
    audioSource = GetComponent<AudioSource> ();// 获取 AudioSource 组件
  }

  // Update is called once per frame
  void Update () {
    if (yaoaudio.flag == true) {
      audioSource.clip = audioClip [0];// 设置 AudioClip 是名为"摇头"的音频
      audioSource.Play ();// 播放音频
      yaoaudio.flag = false;// 防止重复执行
    }
```

```
        if (zhaoaudio.flag == true) {
            audioSource.clip = audioClip [1];// 设置 AudioClip 是名为"招手"的音频
            audioSource.Play ();// 播放音频
            zhaoaudio.flag = false;// 防止重复执行
        }
    }
}
```

脚本编写完成后，将 yaoAudio.cs 拖到"摇头声音"按钮上，将 zhaoAudio.cs 拖到"招手声音"按钮上，将 audio.cs 拖到模型上。为"摇头声音"和"招手声音"按钮添加事件，如图 9-5 和图 9-6 所示。

图 9-5　添加招手声音

图 9-6　添加摇头声音

9.3.2　给脚本音频变量赋值

在 audio.cs 中我们定义了一个 public 类型的 AudioClip 数组，这个数组用于存放用到的音频文件。将 Audio 文件夹中名为"摇头"和"招手"的两个音频文件拖到 audio.cs 脚本下的 Audio Clip 中，同时为其他两个 public 类型的变量赋值，如图 9-7 所示。

运行以测试实际效果。如果觉得用按钮播放音频太麻烦，想让动画播放的时候自动播放对应的声音，可以在动画中加入触发事件，当执行到该帧时，调用设置好的函数播放声音。

图 9-7　为变量赋值

9.4　本章小结

本章主要介绍了 Audio Source 组件、Audio Listener 组件及它们的用法。通过使用这两个组件可以向游戏场景中添加声音，同时接收声音。本章知识结构如图 9-8 所示。

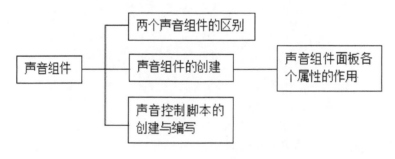

图 9-8　本章知识结构

9.5　练习

1. 给对象添加 Audio Listener 和 Audio Source 组件。
2. 编写声音控制脚本，并测试其功能。

第 10 章
让模型走起来

【知识目标】

◦ 碰撞器的概念与作用

◦ 射线的概念与作用

【能力目标】

◦ 学会碰撞器的创建与设置

◦ 了解射线的概念和使用

◦ 学会在脚本中使用射线来实现模型的移动

【任务引入】

　　AR 技术的目标是在屏幕上把虚拟世界套在现实世界上并进行互动，既然要实现互动，那就要求模型对使用者的操作有所反应。模型在使用者的操作下动起来，才能让使用者感觉自己与模型进行了交互，从而激发使用者的兴趣。

10.1 碰撞器简介

大家肯定都玩过游戏，在游戏中有很多事件是发生在两个物体碰撞之后的。例如，刀砍在敌人身上后，敌人的血量降低，或者一拳打过去把敌人打倒等。其中的血量降低和敌人倒地都是要在碰撞之后才会发生的，而要检测碰撞的发生就要用到碰撞器。

要产生碰撞，则需要为游戏对象添加刚体（Rigidbody）和碰撞器（Collider），刚体可以让物体在物理影响下运动，碰撞器是物理组件的一类。如果两个刚体相互撞在一起，只有当两个刚体对象有碰撞器时，物理引擎才会计算碰撞。在物理模拟中，没有碰撞器的刚体会彼此相互穿过而不能发生碰撞。所以物体发生碰撞的必要条件是，两个物体都必须带有碰撞器。

碰撞器是一群组件的集合，它有很多种类，如 Box Collider（盒碰撞器）、Mesh Collider（网格碰撞器）等，这些碰撞器应用的场合不同，但都必须加到 GameObject 身上。碰撞器的种类如图 10-1 所示。

图 10-1 碰撞器的种类

碰撞器的属性面板如图 10-2 所示。

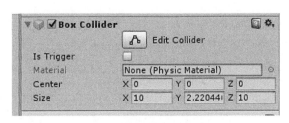

图 10-2　碰撞器的属性面板

（1）Is Trigger：触发器。勾选时碰撞器根据物理引擎引发碰撞，产生碰撞的效果。不勾选时碰撞器被物理引擎忽略，没有碰撞效果。如果既要检测到物体的接触又不想让碰撞检测影响物体移动，或者要检测一个物体是否经过空间中的某个区域，就可以用触发器。

（2）Material：碰撞器的材质。

（3）Center：碰撞器的中心位置。

（4）Size：碰撞器的尺寸。

10.2　射线简介

射线是在三维世界中从一个点沿一个方向发射的一条无限长的线。在射线的轨迹上，一旦添加了碰撞器的模型与之发生碰撞，发射将停止。我们可以利用射线实现子弹击中目标的检测、鼠标单击拾取物体、鼠标单击行走等功能。

当我们要使用鼠标拾取物体或判断子弹是否击中物体时，我们往往沿着特定的方向发射射线，这个方向可能是朝向屏幕上的一个点，或者是世界坐标系中的一个矢量方向。向屏幕上的某一点发射射线，Unity 3D 为我们提供了两个 API 函数以供使用，分别是 ScreenPointToRay 和 ViewportPointToRay。

1. 语句 public Ray ScreenPointToRay(Vector3 position);

参数说明：position 是屏幕上的一个参考点坐标。

返回值说明：返回射向 position 参考点的射线。

当发射的射线未碰撞到物体时，碰撞点 hit.point 的值为 (0,0,0)。ScreenPointToRay 方法从摄像机的近视口 nearClip 向屏幕上的一点 position 发射射线。position 用实际像素值表示射线到屏幕上的位置。当参考点 position 的 x 分量或 y 分量从 0 增长到最大值时，射线将从屏幕的一边移动到另一边。由于 position 在屏幕上，因此 z 分量始终为 0。

2. 语句 public Ray ViewportPointToRay(Vector3 position);

参数说明：position 是屏幕上的一个参考点坐标（坐标已单位化处理）。

返回值说明：返回射向 position 参考点的射线。

当发射的射线未碰撞到物体时，碰撞点 hit.point 的值为 (0,0,0)。ViewportPointToRay 方法从摄像机的近视口 nearClip 向屏幕上的一点 position 发射射线。position 用单位化比例值的方式表示射线到屏幕上的位置。当参考点 position 的 x 分量或 y 分量从 0 增长到 1 时，射线将从屏幕的一边移动到另一边。由于 position 在屏幕上，因此 z 分量始终为 0。

10.3　添加模型移动的脚本

10.3.1　创建地面和碰撞器

首先创建地面，在 Image Target 下添加一个 Plane 对象，如图 10-3 所示。

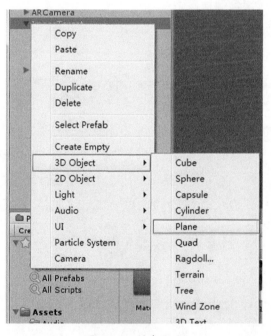

图 10-3　创建平面

添加 Plane 对象后可以在场景中看到一块白色的平面，这块平面就是地面，可以将平面稍微调整得大一些。为了让地面更加美观，我们需要为它添加贴图（导入地面的贴图），然后将贴图直接拖到场景中的白色地面上即可。

因为之后会使用射线来检测碰撞，所以还要为地面添加 Box Collide 碰撞器。选择 Plane，单击 Component → Physics → Box Collider，如图 10-4 所示。

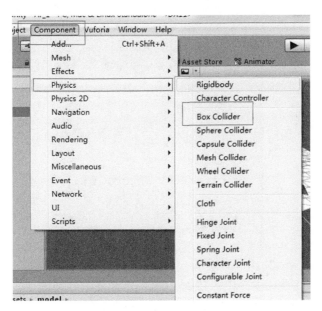

图 10-4　创建碰撞器

10.3.2　给模型添加标签

接下来，为模型添加一个标签，方便在脚本中用代码找到对应模型，这个标签就相当于模型的一个别名。

选中模型，单击右侧 Inspector 面板中的"Tag"一栏，在出现的下拉列表中选择 Add Tag，如图 10-5 所示。

图 10-5　添加标签

在新出现的面板中单击"+"，然后输入标签名称。再次选中模型，单击"Tag"一栏，可以看到下拉列表中出现了刚刚新添加的 Tag，选择该 Tag，如图 10-6 所示。

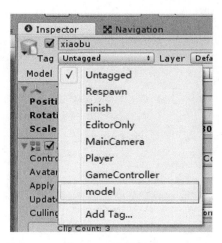

图 10-6　选择标签

为了防止从摄像机发射出来的射线在未碰到地面时碰到模型而使单击地面的操作无效，我们需要将 Plane 对象单独放在一个 Layer 中。选择 Plane 对象，单击右侧 Inspector 面板中 Layer 下拉菜单中的 Add Layer，出现图 10-7 所示的面板。

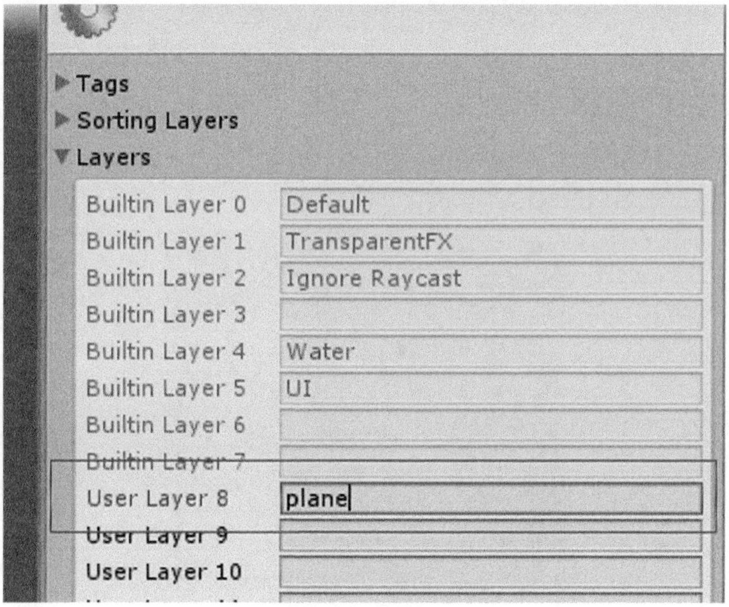

图 10-7　创建 Layer

面板中前 7 层是默认的，无法修改，从第 8 层开始可以自定义。输入层的名字后回到 Inspector 面板，在 Layer 下拉列表中选择刚刚新建的层。做完这一切后，编写让模型走动的脚本。

10.3.3　移动脚本的编写

脚本 walk.cs 的内容如下。

```csharp
using UnityEngine;
using System.Collections;

public class walk : MonoBehaviour {
  protected Vector3 m_targetPos;// 目的地坐标
  public LayerMask mask=new LayerMask();// 返回层的索引
  GameObject player;
  Animator ani=null;
  Vector3 ms;
  Vector3 pos;
  // Use this for initialization
  void Start () {
    player = GameObject.
    FindGameObjectWithTag ("model");// 通过标签获取模型
    m_targetPos = player.transform.position;// 获取模型的位置
    mask.value = (int)Mathf.Pow (2.0f, (float)LayerMask.NameToLayer ("plane"));
    ani = GetComponent<Animator> ();// 获取 Animator 组件
    ms = player.transform.position;// 鼠标单击初始位置
  }

  // Update is called once per frame
  void Update () {
    MoveTo ();
    float dis = Vector3.Distance (player.transform.position, m_targetPos); // 计算模型当前位置到鼠标单击位置的距离
    if (Mathf.Abs(dis)>0.05f) {
      pos = Vector3.MoveTowards (player.transform.position, m_targetPos, Time.deltaTime * 0.5f);// 移动模型
      player.transform.position = pos;
      player.transform.forward = (m_targetPos - player.transform.position).normalized;// 模型朝向，根据模型情况可以适当调整
      ani.SetInteger ("zoulu", 1);// 播放行走动画
    }
    if(Mathf.Abs(dis)<=0.05f)//Unity 中模型并不能完全精确地到达所在点，只能判断在离目的地足够近时停止播放动画
    {
      ani.SetInteger ("zoulu", 0);// 到达目的地后停止行走动画的播放
    }
  }
  void MoveTo()
  {
    if (Input.GetMouseButton (0)) {// 鼠标左键按下
      ms = Input.mousePosition;// 获取鼠标单击的位置
      Ray ray = Camera.main.ScreenPointToRay (ms);// 从摄像机向鼠标单击的位置发射一条射线
```

```
            RaycastHit hitinfo;
            bool iscast = Physics.Raycast (ray, out hitinfo, 1000,mask);// 判断射线是
发射碰撞
            if (iscast) {
             m_targetPos = hitinfo.point;// 将射线碰撞点的值赋给
            }
          }
        }
      }
```

将 walk.cs 脚本拖到模型上，测试实际效果。

10.4　本章小结

　　本章主要介绍了碰撞器和射线，同时演示了碰撞器的创建，并利用碰撞器和射线让模型实现行走的功能。本章知识结构如图 10-8 所示。

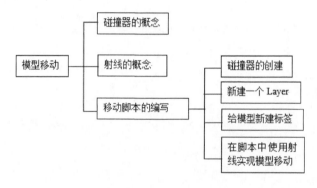

图 10-8　本章知识结构

10.5　练习

1. 为一个对象添加不同的碰撞器，观察不同碰撞器的形状。
2. 新建一个 Tag 和 Layer。
3. 创建并编写一个控制模型移动的脚本，在脚本中使用射线，测试脚本能否实现对模型移动的控制。

第11章
特效的添加

【知识目标】

　◦ 了解 Unity 粒子系统
　◦ 了解贴图的材质和作用

【能力目标】

　◦ 能够利用 Unity 的粒子系统为应用
　　添加特效
　◦ 能够通过添加贴图和修改贴图材质
　　来美化特效

【任务引入】

　　游戏中存在大量的特效运用，各种令人目眩的光影效果常常能给人留下深刻的印象。在游戏中，玩家通过操纵角色打出各种必杀技或魔法时，其绚丽的效果能带来莫大的成就感。其实不仅是在游戏中，特效的运用能带来上述效果，在我们的 AR 应用中，特效的运用也能够吸引用户眼球，提升用户的体验，给用户留下深刻的印象。

11.1　粒子系统简介

粒子是在三维空间中渲染的二维图像，它们主要用于诸如烟、火、水滴或树叶等效果。一个粒子系统是由 3 个独立部分组成的，即粒子发射器、粒子动画器和粒子渲染器。如果想要一个静态粒子系统，可以用一个粒子发射器和渲染器来完成，而粒子动画器可以在不同的方向移动粒子和改变粒子的颜色。可以通过脚本使用粒子系统中的每一个粒子，因此可以创建自己独特的（粒子）行为。

Unity 中典型的粒子系统是一个对象，它包含一个粒子发射器、一个粒子动画器和一个粒子渲染器。粒子发射器产生粒子，粒子动画器则随时间移动它们，粒子渲染器将它们绘制在屏幕上。如果想让粒子对世界有影响，那么就添加一个粒子碰撞器组件到对象中。

11.2　特效的添加

11.2.1　创建一个粒子系统

在 Unity 中创建一个粒子系统有两种方法。一种方法是在 Hierarchy 面板中的空白处单击鼠标右键，在弹出的快捷菜单中选择 Particle System，如图 11-1 所示。

图 11-1　创建粒子系统

选择后 Hierarchy 面板中会出现一个名为 Particle System 的粒子系统对象，并且场景中会出现不断向外发射的白色粒子，如图 11-2 和图 11-3 所示。这表示用这种方法创建的粒子是一个独立的对象，它可以被随意地放置，与其他对象没有关系。

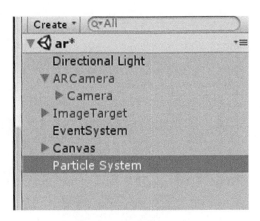

图 11-2　粒子系统对象

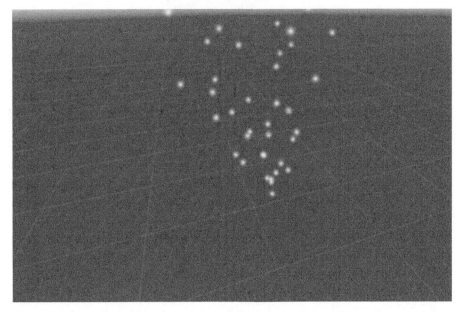

图 11-3　发射的粒子

　　另一种创建粒子系统的方法是选择一个对象，单击 Component，选择 Effects →
Legacy Particles，可以看到有 5 个组件可供选择，如图 11-4 所示。这 5 个组件从上
下到分别是椭圆粒子发射器、网格粒子发射器、粒子动画器、粒子碰撞器和粒子渲
染器。其中椭圆粒子发射器和网格粒子发射器可以任意选择其中一个，粒子动画器、
粒子碰撞器和粒子渲染器必须都选。添加了这些组件后可以在对应对象的 Inspector
面板中查看。用这种方法创建的粒子与对象绑定后，对象移动到哪里，粒子就移动
到哪里，而且粒子是从对象上发射出来的。

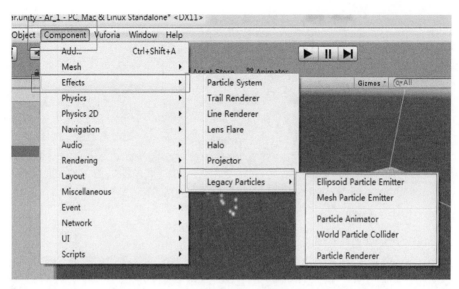

图 11-4　添加粒子发射器

11.2.2　粒子材质的添加和修改

刚刚添加的粒子是没有贴图的，要为粒子添加贴图，只要把图片直接拖到发射出来的粒子上即可。贴图拖到粒子上后，可能发射出来的粒子如图 11-5 所示，但是正常的水泡应该是圆形的，这里需要修改材质球的渲染模式（Rendering Mode）。

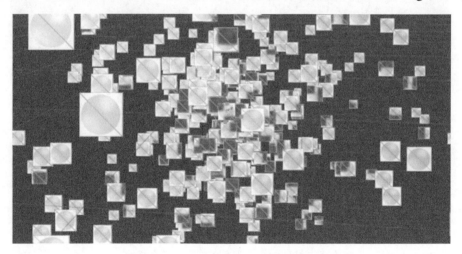

图 11-5　添加贴图后的效果

在对象 Inspector 面板的最下方可以看到材质球的属性。如图 11-6 所示，单击"Rendering Mode"，在下拉列表中选择 Cutout。设置完成后可以看到发射出来的水泡变成了正常的圆形，如图 11-7 所示。

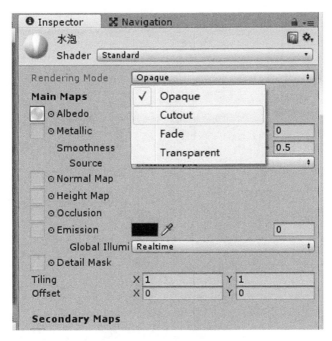

图 11-6　材质球的属性

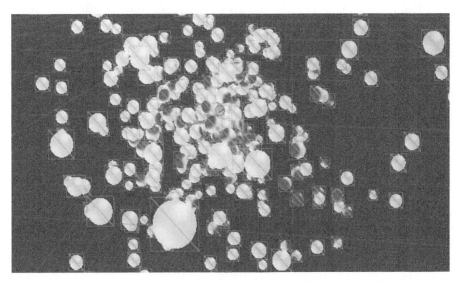

图 11-7　修改后的效果

11.3　用脚本控制特效

　　在写脚本之前要先添加一个用于控制粒子发射的按钮，然后把 Ellipsoid Particle Emitter 面板中的 Emit 取消勾选，让粒子停止发射，如图 11-8 所示。之后，编写脚本实现通过单击按钮让粒子开始发射的功能。

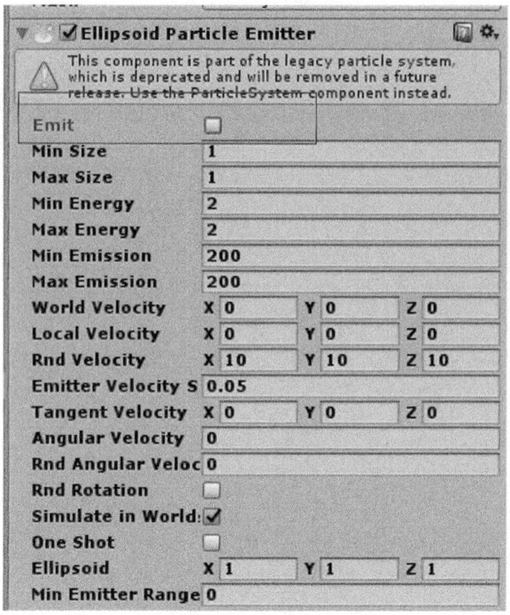

图 11-8　粒子发射器面板

脚本 lizi.cs 的内容如下。

```
using UnityEngine;
using System.Collections;
public class lizi : MonoBehaviour {

    // Use this for initialization
    void Start () {

    }

    // Update is called once per frame
    void Update () {

    }
    public void  liziclick()
    {
        if (gameObject.GetComponent<EllipsoidParticleEmitter> ().emit == false)//
判断粒子是否处于发射状态
        gameObject.GetComponent<EllipsoidParticleEmitter> ().emit = true;// 发射粒子
            else
            gameObject.GetComponent<EllipsoidParticleEmitter> ().emit = false;
// 停止发射粒子
    }

}
```

将脚本 lizi.cs 拖到模型上，然后给相应的按钮添加事件。添加事件的设置如图

11-9 所示。

图 11-9　添加事件

11.4　本章小结

本章主要介绍了 Unity 粒子系统的功能和使用场景，同时简单地演示了如何使用脚本来控制粒子的发射。Unity 粒子系统更多的用法需要读者自己去发现。本章知识结构如图 11-10 所示。

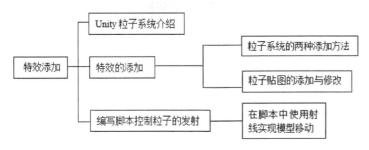

图 11-10　本章知识结构

11.5　练习

1. 分别用两种方法添加粒子系统，比较它们有什么不同。
2. 给发射的粒子添加材质，并修改材质，比较修改前后的不同。
3. 编写脚本来控制粒子的发射数量或者粒子的材质。

第 **12** 章
应用下载

【知识目标】

　　◦ 了解安装包签名的作用

【能力目标】

　　◦ 学会配置 JDK 和 Android SDK 的安装
　　◦ 学会使用 Unity 自带的打包功能来给工程打包
　　◦ 能够对已经打包好的安装包进行签名

【任务引入】

　　一个应用开发好后如果想在平台上发布，让其他用户可以下载，就需要将完成的工程进行打包。打包后还需要对安装包进行签名才能在平台上发布。

12.1　Android 平台

12.1.1　JDK 和 SDK 的安装

如果我们已经在计算机上开发完成了一个手机应用，想要把这个应用下载到手机上进行测试，就要用到 Unity 的打包功能。

在打包之前需要在计算机上安装 JDK 和 Android SDK。JDK 和 SDK 可以去人邮教育社区下载，里面还有 JDK 和 SDK 的安装教程。

JDK 的配置：计算机→属性→高级系统设置→高级→环境变量。①新建 JAVA_HOME 变量，变量值输入 JDK 的安装路径。②找到 PATH 变量，在其变量值最后添加 ";%JAVA_HOME%\bin;%JAVA_HOME%\jre\bin;"（注意前面的 ;）。③新建 CLASSPATH 变量，变量输入 ".;%JAVA_HOME%\lib;%JAVA_HOME%\lib\tools.jar"（注意前面的 .）。上面的每一步都要单击"确定"按钮，然后测试安装是否成功。打开 cmd 命令窗口，输入 "java -version"，出现版本号即为成功，如图 12-1 所示。

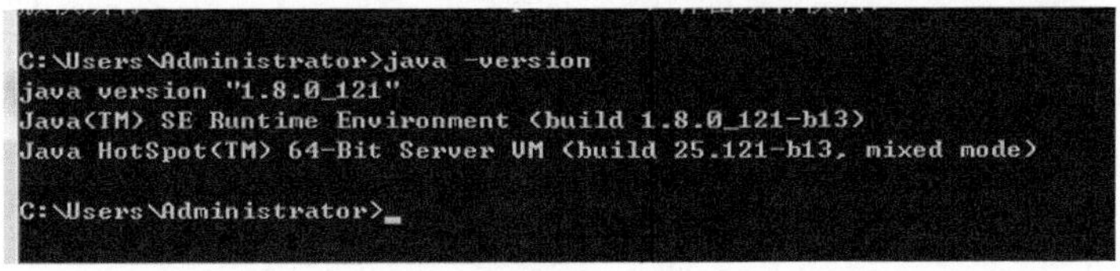

图 12-1　JDK 安装成功

SDK 配置：打开 Unity 3D，单击 "Edit"，选择 Preferences，在弹出的窗口中选择 External Tools，如图 12-2 所示，填写好 SDK 的路径。

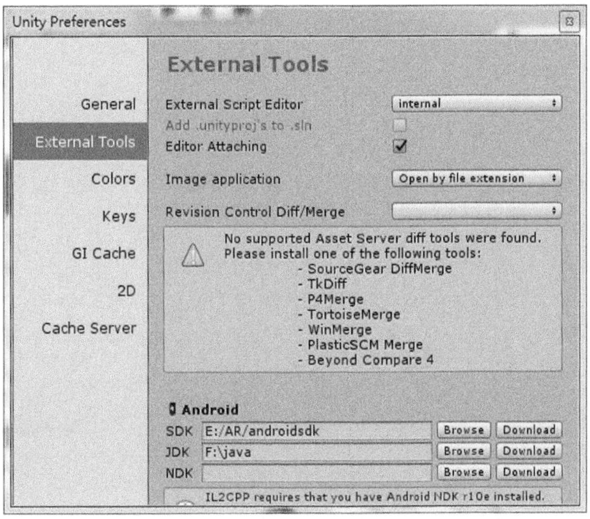

图 12-2　External Tools 面板

12.1.2　工程的打包

首先，单击"File"，选择 Build Settings，之后系统会打开 Build Settings 面板，如图 12-3 所示。

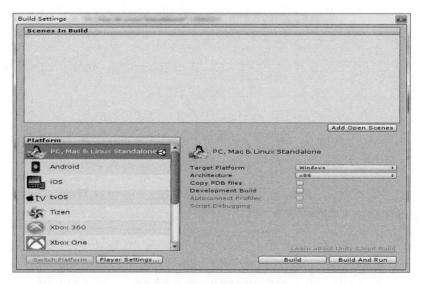

图 12-3　Build Settings 面板

单击面板中的"Add Open Scenes"添加要打包的场景，单击后会添加当前打开的场景，如图 12-4 所示。

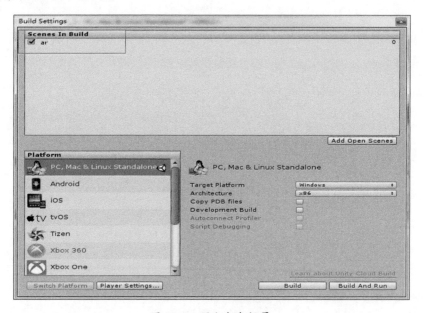

图 12-4　添加打包场景

通过这种方法将所有要打包的场景都添加进去，然后在 Platform 里选择

Android，并单击 "Player Settings" 按钮，在右边会出现设置应用信息，如图 12-5 所示。

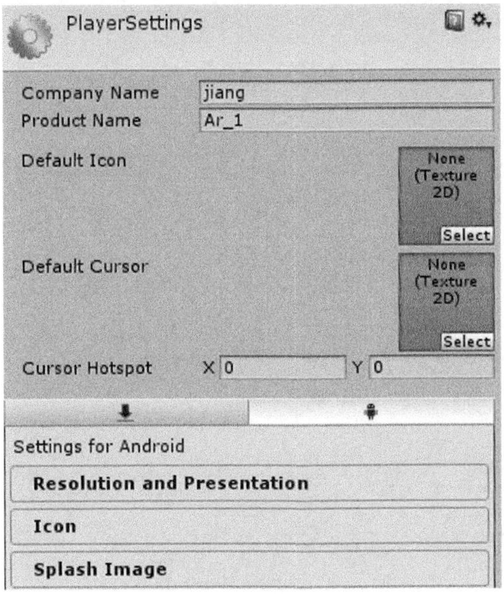

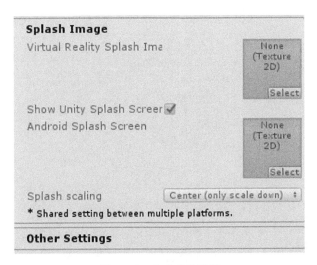

图 12-5　设置信息

Company Name 是公司名字，可以随意填写；Product Name 是应用的名字；Default Icon 是应用的图标，就是在手机桌面上显示的应用图标。

单击图 12-5 中的 Splash Image，可以看到图 12-6 所示的面板。这个面板是用来设置启动画面的，即应用刚刚启动时显示的画面。如果是免费版的 Unity，这个功能不可用。

图 12-6　启动画面设置

单击图 12-6 中的 "Other Settings"，会出现图 12-7 所示的面板。

图 12-7   Other Settings 面板

面板中的 Identification 下的 Bundle Identifier 一定要修改，不能使用默认的，如图 12-7 所示。Minimum API Level 用于选择安卓的最低版本，单击之后有多种版本可供选择，如图 12-8 所示。

图 12-8   选择版本

12.1.3   APK 包的签名

如果想要在平台上发布应用，如在应用宝、百度手机应用市场等平台发布，那么还需要给 APK 包签名。签名是你的 APK 包的唯一标识，防止你的应用被其他同名应用覆盖，同时后续的应用更新也要用到同一个签名。

单击 "Publishing Settings"，出现图 12-9 所示的界面。

图 12-9　创建 Keystore

勾选 Create New Keystore，然后单击 "Browse KeyStore"，输入 key 的名字（见图 12-10），保存 Keystore。

图 12-10　保存 Keystore

然后在 Keystore password 和 Confirm password 里输入密码，这个密码要记住，后面会用到。输入密码之后单击 Alias 中的 Unsigned（debug），可以下拉选择 create a key，出现图 12-11 所示的面板。在面板中的 Alias 中填写 key 的别名，密码是之前填写的，其他的可以随意填写。填完之后单击 Create Key 按钮。

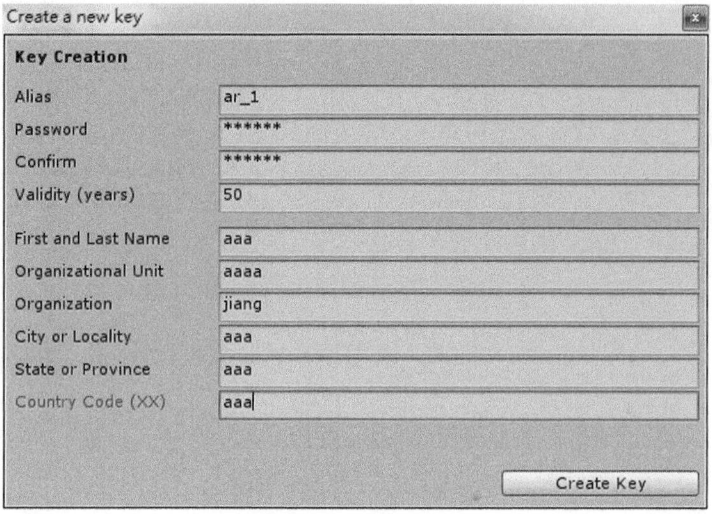

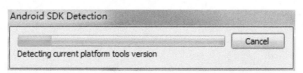

图 12-11　填写 key 的信息

创建好 key 后，勾选图 12-9 中的 Use Existing Keystore，然后在 Alias 下拉列表中选择刚刚创建的 key，填写密码，再单击 Build Settings 里的 "Build" 按钮，就可以进行打包了，如图 12-12 所示。

图 12-12　正在打包

打包之后若要查看打包是否成功，可以在 cmd 窗口中输入 "jarsigner –verify –verbose –certs XXX.apk"（APK 的完整路径）来查看，如图 12-13 所示。

图 12-13　打包成功

12.2　iOS 平台

若要在 iOS 系统中打包运行的话就要麻烦得多，iOS 版本的打包过程如图 12-14 所示。

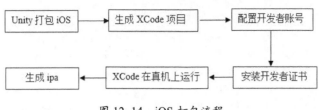

图 12-14　iOS 打包流程

将程序打包到 iOS 平台，首先需要针对 iOS 平台下载以下软件：

（1）Mac 操作系统 OS X（不能是 Beta 版）；

（2）Xcode（从 App Store 里下载，不能是 Beta 版）；

（3）Unity 3D（不能用 Windows 系统上的 Unity 3D，如果项目是在 Windows 平台下开发的，需要将项目复制到 Mac 平台的 Unity 3D 中）。

然后，使用 U3D 将 Unity 工程导出 Xcode 工程；导入 Xcode 进行调试，并且编译通过，生成 ipa 包（与在 Android 系统上打包类似）。

此外，如果在 Apple 平台上发布，还需注册 Apple 开发者账号、生成发布证书等步骤。具体过程请参阅 Apple 平台官网，这里不再赘述。

12.3　本章小结

本章主要介绍了 JDK 的配置和 Android SDK 的安装，简单介绍了打包之前要做的设置和 Keystore 的创建，并演示了如何利用 Unity 来打包工程。本章知识结构如图 12-15 所示。

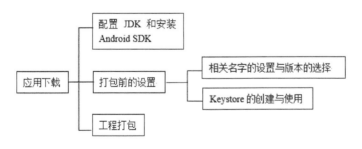

图 12-15　本章知识结构

12.4　练习

成功打包一个工程，并对安装包进行签名。

第 13 章
综合实例

【知识目标】

○ 使用 Unity 3D 创建一个完整
的应用

【能力目标】

○ 学会使用 Unity 3D 开发应用

【任务引入】

前面已经讲解了一些功能的使用方法，本章要使用前面讲解的功能来制作一个完整的应用。

13.1　准备工作

在开始创建应用前，先去 Vuforia 官网注册需要扫描的图片和 License Key。注意扫描图片要尽量选择棱角分明的图片，这样可以提高识别的灵敏度。注册成功后，网页会显示图片的识别度，如图 13-1 所示，星级越高代表图片的识别度越高。然后单击右上角的"Download Database"，下载注册好的识别图。

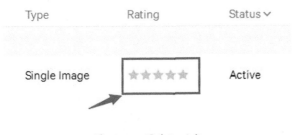

图 13-1　图片识别度

打开 Unity 3D，单击右上角的 New，填写好工程名和工程路径，类型选择 3D，然后单击"Create Project"来创建一个工程。

导入工程要用的识别图、模型和 Vuforia SDK。找到刚刚下载的识别图，它应该是一个 Unity 包，双击它，在弹出的提示框中单击右下角的"Import"（见图 13-2），完成图片的导入。

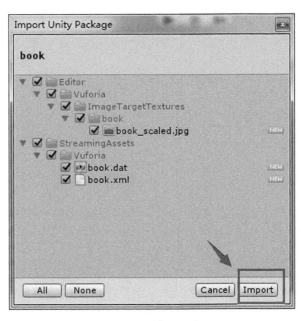

图 13-2　导入图片

导入模型和 SDK，在 Assets 目录中新建一个 Model 文件夹，该文件夹用于存放模型和模型贴图等资源。然后下载工程所需的模型和 SDK，并将它们导入工程中，至此我们的准备工作基本完成。

13.2　导入素材

接下来我们要向场景中放入刚刚导入的识别图和模型，并将它们联系起来，实现一识别出图片就出现模型的功能。

首先，将 Hierarchy 面板中的 Main Camera 删除，然后在左下角的 All Prefabs 中找到 ARCamera 预制体，并将它拖入场景中。单击"ARCamera"，在右边的 Inspector 面板中的 Vuforia Behavior 脚本中找到 App License Key，可以看到它是没有内容的，如图 13-3 所示。

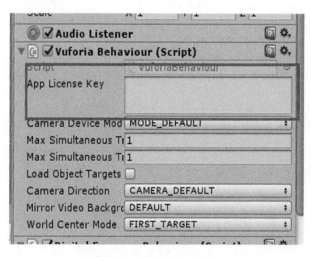

图 13-3　App License Key

复制之前在 Vuforia 官网注册的 License Key（见图 13-4），然后将其粘贴到 App License Key 的空白处。

之后，在 All Prefabs 文件夹中找到 Image Target 预制体，将它拖入场景中，并适当调整其大小和位置。在 Hierarchy 面板中单击"Image Target"，在右边找到 Image Target Behavior 脚本，然后将 Database 和 Image Target 属性分别设置成之前创建的 Database 和识别图片，如图 13-5 所示。

图 13-4　License Key

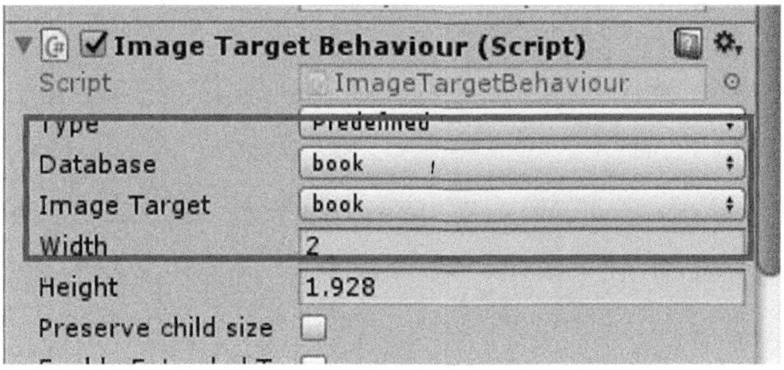

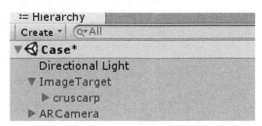

图 13-5　设置完成

接下来，将要用的模型拖到 Image Target 上，使之成为 Image Target 的子物体（见图 13-6），适当调整模型的大小、位置和角度。

图 13-6　设置为子物体

现在，我们已经可以测试一下在识别出图片时是否能出现模型，不过在测试之前还有一个重要的步骤。单击 Hierarchy 面板中的"ARCamera"，在右边找到

Database Load Behavior 这个脚本，勾选 Load xx Database 和 Activate，xx 代表你注册的 Database 的名字。这是一个很重要的步骤，如果没有这一步，即使识别出了图片，模型也不会加载出来。测试效果如图 13-7 所示。

图 13-7　测试效果

13.3　添加动画

　　测试成功之后，添加动画。由于模型自带的动画较短，且只有一个游的动作，这里我们就可以不用剪切了。如果模型有一段很长的动画，并且里面有很多动作，则需要将这些动作单独剪切出来，然后在应用中使用。剪切位置可以通过右下角的预览窗口来确定，如图 13-8 所示。剪切完成后，单击右下角的 Apply 按钮来应用我们刚刚所做的改动。

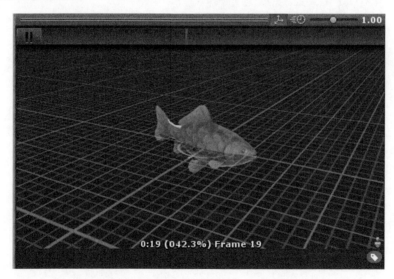

图 13-8　预览窗口

在 Model 文件夹中创建一个 Animator Controller, 命名为"Fish_Controller"。单击场景上方的"Animator"标签, 可以在 Animator 场景中看到 3 个默认的状态, 即 Entry、Any State 和 Exit。这 3 个状态是 Unity 默认创建的, 也无法删除。

本例只有一个游的动作, 所以我们创建两个新的状态"temp"和"swim", 然后直接将动画添加进名为"swim"的状态中, 如图 13-9 所示。"temp"状态是进入状态机的第一个状态, 并且没有状态转换的控制条件, 所以为了防止模型在还没有出现时就播放动画,"temp"状态不添加任何条件。然后连接"temp"状态和"swim"状态, 并设置状态转换条件为"swim=true"。

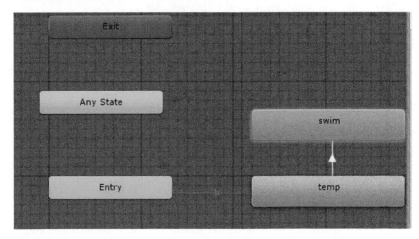

图 13-9　状态连接

接下来, 我们给鱼添加一个 Animator 组件, 并将组件中的 Controller 选项设置成刚刚创建的"Fish_Controller"状态机, 因为这个动画没有改变鱼的位置, 所以 Apply Root Motion 选项不用勾选, 如图 13-10 所示。

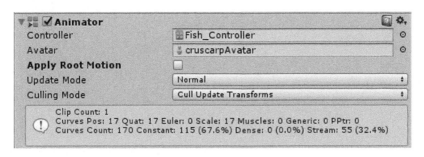

图 13-10　Animator 组件设置

然后, 编写用来控制动画播放的脚本。先在 Assets 目录下新建一个文件夹, 命名为"Scripts", 这个文件夹用于存放工程所需的所有代码。然后在该文件夹中新建一个 C# 脚本, 命名为"Found_fish"。

脚本 Found_fish 的内容如下。

```
using UnityEngine;
using Vuforia;

public class Found_fish : MonoBehaviour,ITrackableEventHandler
{
    private TrackableBehaviour mTrackableBehaviour;
    public bool TargetFound=false;
    void Start()
    {
        mTrackableBehaviour = GetComponent<TrackableBehaviour>
();
        if (mTrackableBehaviour)
        {
            mTrackableBehaviour.RegisterTrackableEventHandler(this);
        }
    }
    public void OnTrackableStateChanged(
        TrackableBehaviour.Status previousStatus,
        TrackableBehaviour.Status newStatus)
    {
        if (newStatus == TrackableBehaviour.Status.DETECTED ||
            newStatus == TrackableBehaviour.Status.TRACKED ||
            newStatus == TrackableBehaviour.Status.EXTENDED_TRACKED)
        {
            OnTrackingFound();
            TargetFound = true;
        }
        else
        {
            OnTrackingLost();
            TargetFound = false;
        }
    }
    private void OnTrackingFound()
    {
        Renderer[] rendererComponents = GetComponentsInChildren<Renderer>(true);
        Collider[] colliderComponents = GetComponentsInChildren<Collider>(true);
        foreach (Renderer component in rendererComponents)
        {
            component.enabled = true;
        }
        foreach (Collider component in colliderComponents)
        {
            component.enabled = true;
        }
        Debug.Log("Trackable" + mTrackableBehaviour.TrackableName + "found");
```

```
    }
    private void OnTrackingLost()
    {
        Renderer[] rendererComponents = GetComponentsInChildren<Renderer>(true);
        Collider[] colliderComponents = GetComponentsInChildren<Collider>(true);
        foreach (Renderer component in rendererComponents)
        {
            component.enabled = false;
        }
        foreach (Collider component in colliderComponents)
        {
            component.enabled = false;
        }
        Debug.Log("Trackable" + mTrackableBehaviour.TrackableName + "lost");
    }
}
```

该脚本的代码其实是 Vuforia 自带的 DefaultTrackableEventHandler 脚本，只是删除了一些内容并增加了一个 public 变量，该脚本在 Vuforia\Sc-ripts 目录下，有兴趣的读者可以去看源码。其中 OnTrackingFound() 函数是识别出图片时执行，而 OnTrackingLost() 函数是未识别图片时执行。将 Found_fish 脚本拖到 Image Target 上，并将 DefaultTrackableEventHandler 脚本前的勾去掉，因为这两个脚本的功能是一样的。

接着创建一个名为 ModelController 的脚本，脚本的内容如下。编辑完成后将脚本拖给鱼模型，并在右边找到 ModelController 脚本，然后将 Dte 属性设置成如图 13-11 所示。

```
Animator ani;
public Found_fish dte = new Found_fish();
void Start () {
    ani = GetComponent<Animator> ();
}
void Update () {
    if (dte.TargetFound) {
        ani.SetBool ("swim", true);
    }
}
```

图 13-11　Dte 的设置

设置完成后就可以进行测试了，看看是否在识别出图片时鱼出现，并且鱼正在游动。

13.4 添加声音

现在鱼已经能够出现了，接下来我们给鱼的出现添加一个音效，让鱼出现的效果更加逼真。

首先，将需要的音频文件导入工程中，然后给 ARCamera 添加一个 Audio Listener 组件，并给模型添加一个 Audio Source 组件，将 Audio Clip 属性的值设置为导入的 "跳水" 音频文件，并取消勾选 Play On Awake。然后，在 ModelController 脚本中添加 3 条图 13-12 所示的代码，添加完成后保存代码并测试效果。

```
AudioSource ads;
void Start () {
    ani = GetComponent<Animator> ();
    ads = GetComponent<AudioSource> ();
}
if (dte.TargetFound) {
    ads.Play ();
    ani.SetBool ("swim", true);
}
```

图 13-12　添加代码

13.5 添加特效和背景

为鱼添加一个出场的特效。

首先，导入一个名为 pao 的 UnityPackage，然后打开 Jiggly Bubble Free 文件夹，找到图 13-13 所示的预制体，然后把它拖入模型，使之成为模型的子物体。适当设置粒子发射的持续时间、发射速度和发射的粒子数，并将粒子的发射形状设置为 Sphere，如图 13-14 所示。

图 13-13　预制体

Start Delay	0	
Start Lifetime	2	0.5
Start Speed	20	1
3D Start Size	☐	
Start Size	0.7	1.2
3D Start Rotation	☐	
Start Rotation	5	-5
Randomize Rotation Direc	0	
Start Color		
Gravity Modifier	0	
Simulation Space	World	
Scaling Mode	Shape	
Play On Awake*	✓	
Max Particles	200	
Auto Random Seed	☐	
Random Seed	1111270144	Reseed
✓ Emission		
Rate	1000	
	Time	
Bursts	Time　Min　Max	
		⊕
✓ Shape		
Shape	Sphere	
Radius	0.07080739	
Emit from Shell	☐	
Random Direction	☐	

图 13-14　设置各项参数

新建一个名为 Particle 的脚本，在脚本的 Update 函数中加入图 13-15 所示的代码。其中 ps 是 ParticleSystem 类型的变量，ff 为 Found_fish 类型的变量，然后将该脚本赋给刚才的预制体，测试效果如图 13-16 所示。

```
// Update is called once per frame
void Update () {
    if (ff.TargetFound==true ) {
        ps.Play ();
    }
}
```

图 13-15　代码

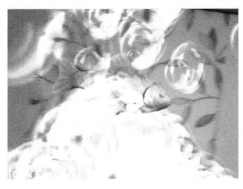

图 13-16　测试效果

现在，我们添加一个背景图片。首先创建一个 shader 脚本，在 shader 脚本中写入背景图片的控制代码。然后创建一个材质球，将背景图片赋给该材质球，在材质球的 shader 一栏中选择刚刚创建的脚本，如图 13-17 所示。再创建一个 Plane 对象，将材质球赋给这个 Plane 对象，并将 Plane 对象设置成 Camera 的子物体，同时调整 Plane 的位置和角度，使之可以覆盖 Camera 的整个视野。添加一个 Plane 对象，起名为 background，并将它设置为 Plane 的子物体，再将另一张背景赋给这个 background，适当调节颜色和透明度。运行结果如图 13-18 所示。

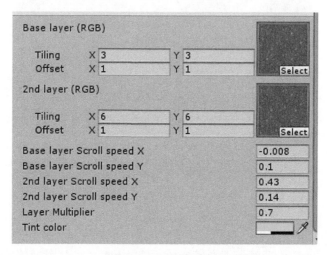

图 13-17　材质球设置

图 13-18　运行结果

13.6　添加交互功能

现在我们要实现的是，我们单击到哪里，鱼就游到哪里。首先创建一个 Plane 对象，在 Hierarchy 面板的空白处单击鼠标右键，然后移动鼠标到 3D Object，单击

"Plane" 选项，这样就创建好了一个 Plane 对象。对象创建完成后可以看到一个巨大的白色平面（见图 13-19），这个巨大的白色平面就是我们要单击的"地面"了。

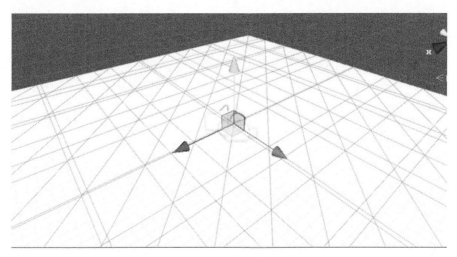

图 13-19　Plane 对象

为了防止这个白色平面遮挡住我们的背景，需要把它隐藏起来。选中 Plane 对象，在右边找到 Mesh Renderer 中的 Cast Shadows，并把它设置为 Shadows Only。然后，为 Plane 添加一个 Box Collider，并把它设置为 Image Target 的子对象。

接下来，新建一个名为"Plane"的 Layout，并将 Plane 对象所在的 Layout 设置成 Plane。这样做的目的是让 Plane 对象单独在一个层内，防止后面使用射线定点时射线碰到其他物体而导致定位失败。

因为游动的动画是一直循环播放的，所以我们要回到动画的编辑状态将 Loop Time 这个选项勾选（见图 13-20），最后为模型和 Plane 对象分别添加"Fish"和"Plane"标签。

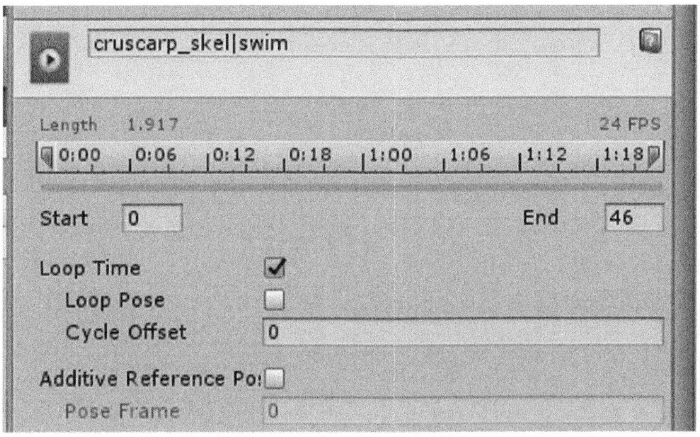

图 13-20　勾选 Loop Time

接下来，创建一个名为Move的脚本来实现鱼的游动，Move脚本可参考第10章。脚本完成后将它拖动给模型并测试效果。

13.7 添加脱卡功能

现在会遇到的一个问题是，是当识别图消失后鱼也跟着消失了，因为鱼被设置成了识别图的子物体，所以当识别图消失后模型也会跟着消失。我们要做的就是使鱼在识别图消失的时候不消失，并且当识别图再次出现时鱼又回到识别图上，即脱卡的功能。

首先，新建一个 Cube 物体，将这个物体除了 Transform 组件之外的全部组件去掉，如图 13-21 所示。然后将这个 Cube 物体设置为 ARCamera 的子物体，如图 13-22 所示。

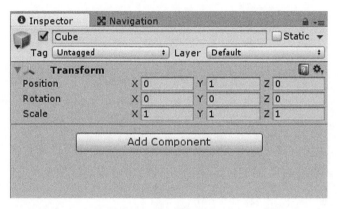

图 13-21　剩余组件

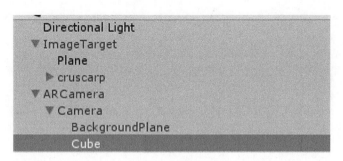

图 13-22　设置子物体

之后，在Found_fish脚本中添加一条语句"public Transform box"，在 OnTrackable-StateChanged 函数的 if 语句中添加 "fish.parent =this transform;"，在 else 语句中添加一句 "fish.parent = box;"。保存代码并回到工程的场景，单击 "Image Target"，在右边的 Found_fish 脚本中找到刚刚创建的变量 "fish" 和 "box"，并将它们分别

设置为模型和刚刚创建的 Cube 物体，如图 13-23 所示。设置完成后测试效果。

图 13-23　设置变量

13.8　打包下载

应用开发完成后将它打包下载。单击左上角的 File，找到 Build Settings，平台选择 Android，然后单击 Add Open Scene 添加要打包的场景，最后单击左下角的 Player Settings，设置好相应的属性后就可以单击 Build，进行应用的打包。详细打包过程请参阅第 12 章中的相关内容。

本章相关素材和代码可以在人邮教育社区（http://www.ryjiaoyu.com）中免费下载。